油まみれの鉄工所から大変身！なぜ、ディズニー、NASAから認められたのか？

かつては……
before

after

古い鉄工所時代は、見るも無残な、油まみれ。社員は、親会社からの大量生産に追われていた。そんな状況でも、「油まみれの工場を“白衣を着て働く工場”にしてみせる」と社員を叱咤激励。売上の8割を捨て単品ものへと舵《かじ》を切った。しかし、それは、“地獄への第一歩”でもあった……。

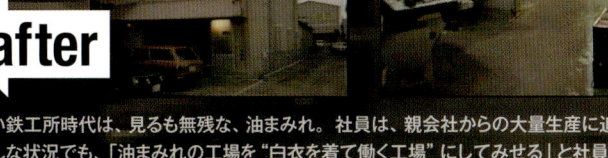

現在

2003年、鉄工所の火事で九死に一生を得た著者は決断した。2007年、京都府宇治市に、建坪600坪の5階建、東側は全面ガラス張り、外観はコーポレートカラーのピンクの本社を建設。4階に社員食堂、最上階に和室、お風呂、筋トレルームを完備。2014年にはアメリカに初進出（現在はシリコンバレーにも）。ウォルト・ディズニー・カンパニー、NASAなどの世界の一流企業とも取引が始まった。現在、アメリカ法人の業績は倍々ゲームで好調。取引先は2018年度末に3000社超になる見込。中には東証一部上場のスーパーゼネコンも含む。今や、年間2000人超が本社見学に訪れるまでに。

アメリカ法人

夜の本社

昼の本社

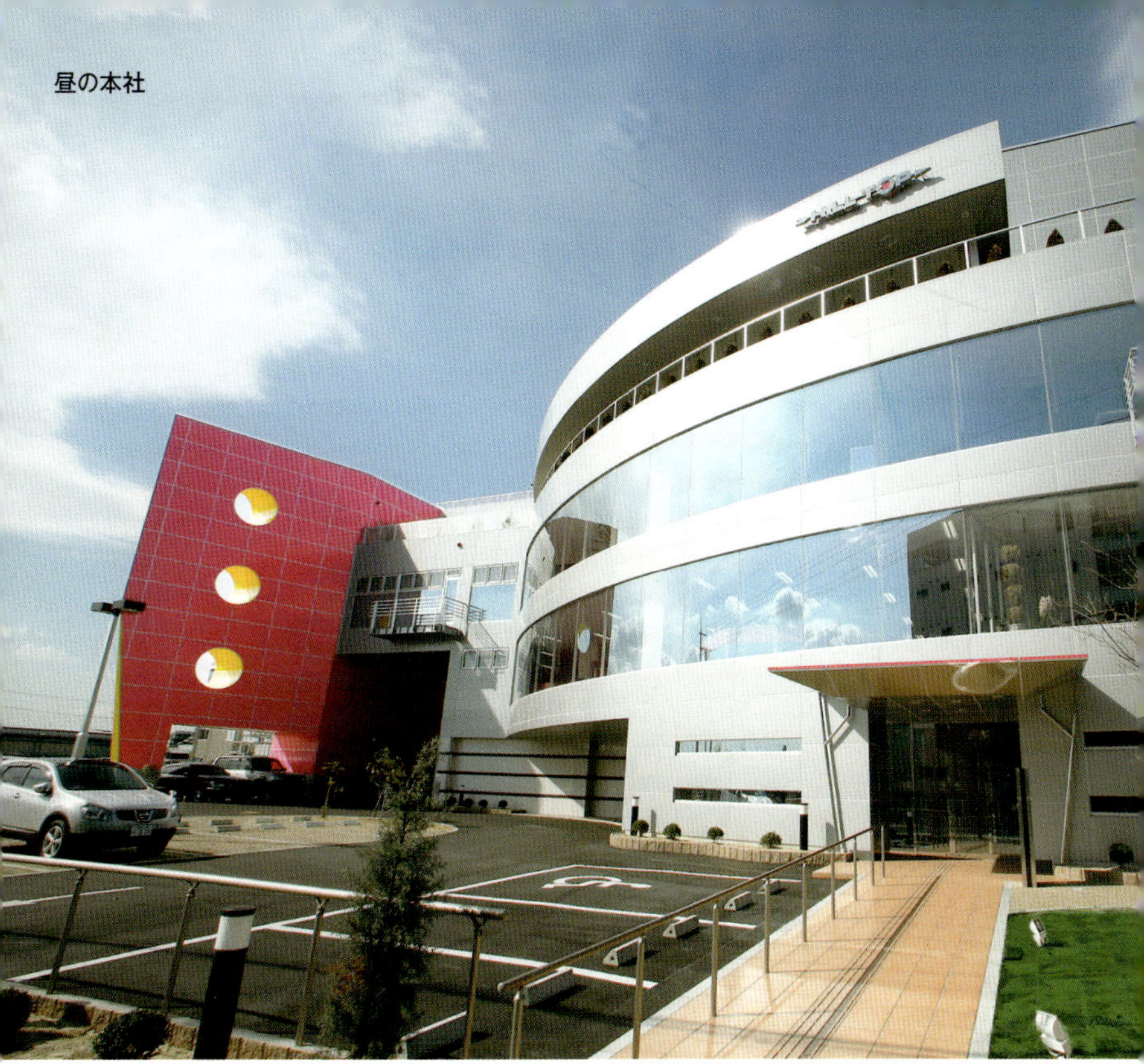

コーポレートカラーは
ピンク

本社内のデスク配置は、壁を完全に取り払った。こうすることで、縦割り意識がなくなり、コミュニケーションが断然よくなった。何か話し合いたいと思ったら、テーブルを囲んですぐミーティングが始められる。

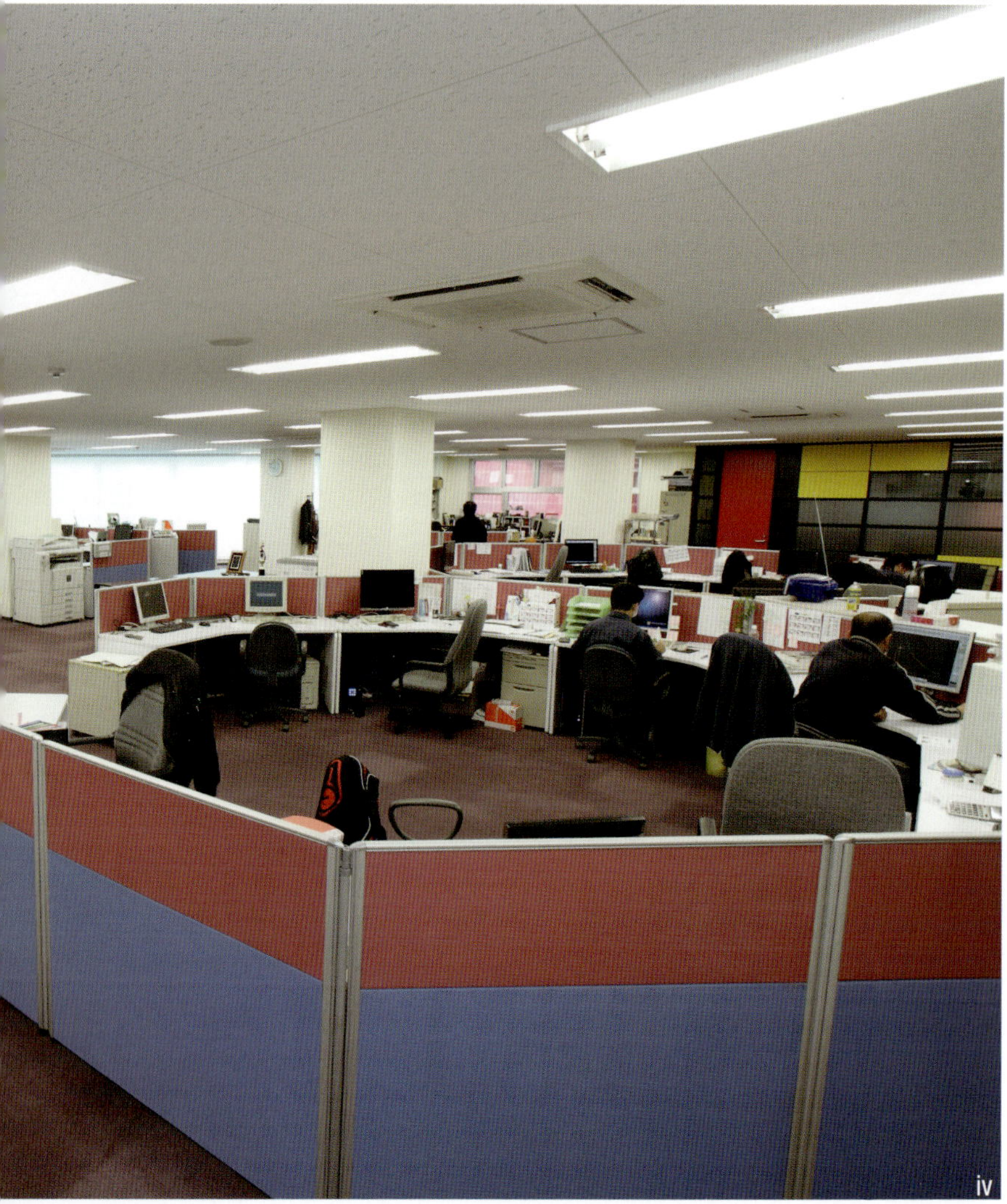

本社エントランスはお客様を迎える顔！　窓も床も常にきれいにして、「ええ？　ここが鉄工所!?」と言われるギャップを大切にしている。

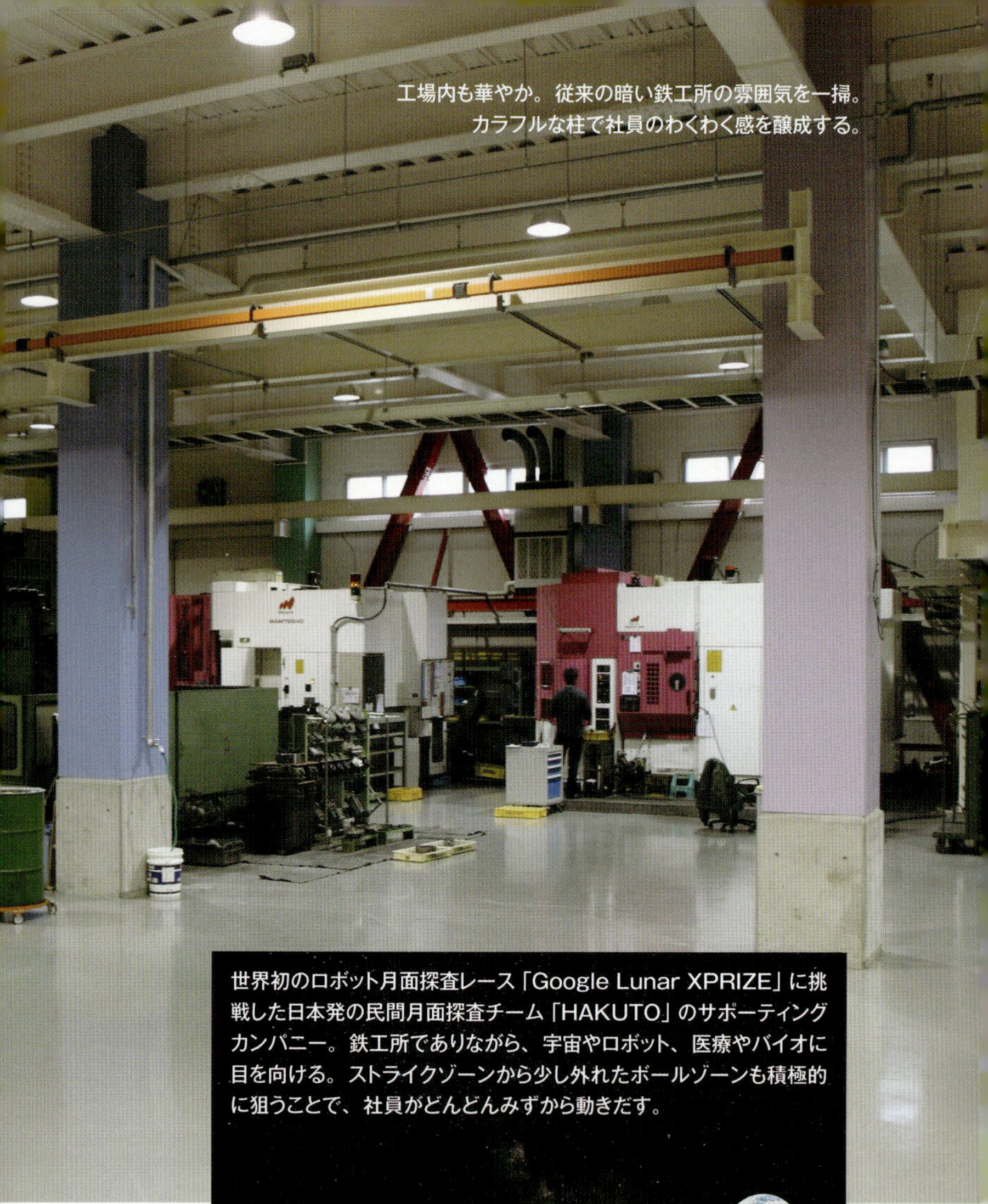

工場内も華やか。従来の暗い鉄工所の雰囲気を一掃。
カラフルな柱で社員のわくわく感を醸成する。

世界初のロボット月面探査レース「Google Lunar XPRIZE」に挑戦した日本発の民間月面探査チーム「HAKUTO」のサポーティングカンパニー。鉄工所でありながら、宇宙やロボット、医療やバイオに目を向ける。ストライクゾーンから少し外れたボールゾーンも積極的に狙うことで、社員がどんどんみずから動きだす。

エレベータはオレンジ色！

工場内には赤いキャットウォーク(通路)が！

まだ世の中にないアイデアやプロダクトを生み出していくクリエイティブ・スペース「Foo's Lab」(フーズラボ)。社内外国籍問わず、みんなここで、新しいことを生み出していく。

社員36名時代に100名以上収容できる社員食堂を創設。ここを見た瞬間、「HILLTOPで働きたい」と叫んだ就活生やカラオケで盛り上がる社員も続出。ランチタイムは「笑顔と会話が絶えない時間」に劇的に変わった。

最上階には和室のほか、筋トレルームや浴室があって、昼休みにカラダを鍛えることもできる。年間2000名超の見学者からいつも驚かれるスポットになった。

ディズニー、
NASAが認めた

遊ぶ鉄工所

HILLTOP株式会社
代表取締役副社長
山本昌作

ダイヤモンド社

prologue

有頂天の私を襲った大惨事

常識を覆す「利益率20%超」の夢工場

私には、40年以上前から、変わらぬ夢がありました。

「社員が誇りに思えるような〝**夢の工場**〟をつくろう」

「油まみれの工場を〝**白衣を着て働く工場**〟にしてみせる」

ＨＩＬＬＴＯＰ株式会社（以下、ヒルトップ）の前身は、１９６１年に私の父が創業した「山本精工所」。自動車部品を製造する小さな町の鉄工所（１９７１年に「有限会社山本精工」、１９８０年に「山本精工株式会社」に変更）でした。

自動車メーカーの孫請だった油まみれの鉄工所は、様々な試行錯誤の結果、今や、「多品種単品のアルミ加工メーカー」に脱皮しました。

毎日同じ製品を大量生産していた町工場は、**「24時間無人加工の夢工場」**へと変身。今のヒルトップに、油まみれで働く社員は、ひとりもいません。

ヒルトップのビジネスモデルは、従来のものづくりとは一線を画《かく》しています。

鉄工所でありながら、

- **「量産ものは、やらない」**
- **「ルーティン作業は、やらない」**
- **「職人は、つくらない」**

といった型破りな発想を実現しているのが、ヒルトップの**「夢工場」**です。

以前、初めて本社にきた人が言いました。

「社員も経営者も、遊びながら仕事をしているようですね。ここは、まさに〝**遊ぶ鉄工所**〟ですね」

「ここは何の会社？　鉄工所？　ありえない！」と言われるヒルトップですが、れっきとした鉄工所です。しかし、日々遊んでばかりいるわけではありません。

業界常識を一掃した生産システムによって、収益構造は大幅改善。**利益率は、「20～25%」**までアップしました。一般的に、鉄工所の利益率は「3～8％」ですから、この数字は業界水準を超える「驚異的な数字」なのかもしれません。

この10年間、売上、社員数、取引社数ともに右肩上がりです。

直近10年間の売上、社員数、取引社数の推移

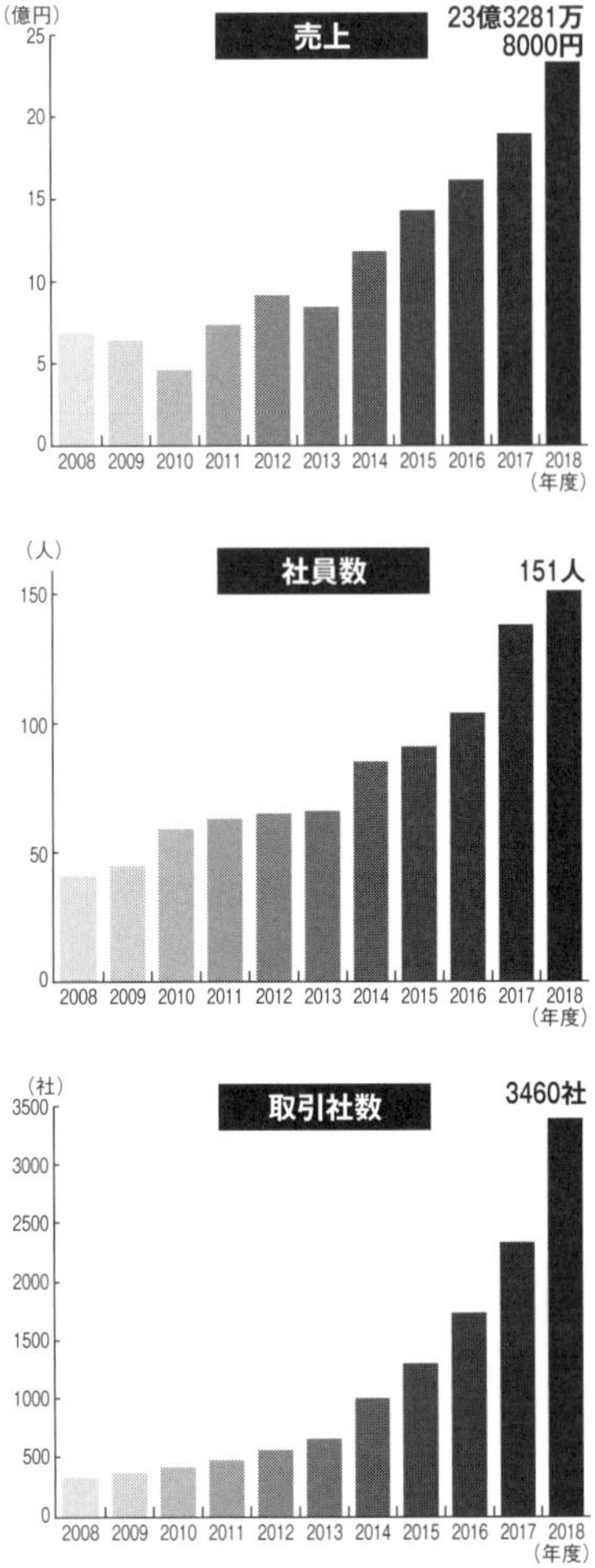

(※2014年度以降はアメリカ法人の売上、社員数、取引社数を含む)
(※アメリカ法人売上は2014年度以降1ドル100円で換算)
(※2018年度の数字はアメリカ法人の見込額を含む)

取引先は国内だけでなく世界中で、２０１８年度末に３０００社を超える見込です。中には**ウォルト・ディズニー・カンパニー**や**NASA**（アメリカ航空宇宙局）、自動車配車アプリ**「Uber《ウーバー》」**を運営する**ウーバー・テクノロジーズ**など世界トップ企業も含まれます。

ありがたいことに、アメリカのとある企業（バイオ医薬品、ゲノム解析および細胞治療向けの製品やサービス提供）から、「ヒルトップの技術力は素晴らしい。その技術を独り占めしたいので、会社ごと買いたい」と言われたこともあります。

おかげさまで、**「利益率20％を超えるIT鉄工所」**としてテレビなどにも取り上げられ、**年間２０００人超**が、京都府宇治市の本社工場（近鉄・大久保駅から徒歩15分）の見学にお越しくださいます。

ヒルトップが取り組んだ「5つの変革」

多くの町工場が姿を消していく中で、ヒルトップが成長し続けているのは、凝り固まった業界の思い込みを捨て、従来の工場のあり方を大きく変えたからです。

私たちはいったい何を変えたのか。

夢工場を実現する過程で、ヒルトップが取り組んだ変革は、たった5つです。

1　「人」を変えた
2　「本社」を変えた
3　「つくるもの」を変えた
4　「つくり方」を変えた
5　「取引先」を変えた

こう書くと、一見、「あたりまえ」に思えるかもしれません。

しかし、ヒルトップは、この5つを「そこまでやるか！」と驚かれるレベルまでガラリと変えてしまったのです。

1　「人」を変えた

職人の世界には、「本物の職人」と中途半端な「にわか職人」がいます。製造業が衰退したのは、「にわか職人」が原因です。

私は本物の職人が大好き。本物の職人技は本当に美しい。

私の兄で現社長の山本正範《やまもとまさのり》は、マイクロ単位の精度を手の感覚で判断できる本物の職人です。全聾《ぜんろう》というハンデを克服し、社会経済活動に積極的に参加、尽力してきたことを評価され、2016年11月、天皇陛下から**「黄綬褒章《おうじゅほうしょう》」**をいただきました。

一方で、私は、にわか職人が大嫌いです。彼らは、古いしきたりを守ることしか考えていません。

・本物の職人

その人でなければつくることができない、唯一無二の技術を持つ職人。芸術家、研究者、トップアスリートに近い存在。

・にわか職人

経験やカンに頼り、自分の技術を定量的、論理的に説明できない職人。「技術は見て盗め」が口癖。

ヒルトップの開発部長の谷口光宏《たにぐちみつひろ》、営業部長の林新太郎《はやししんたろう》、東京オフィス支社長の静本雅大《しずもとまさひろ》は、いずれも元ヤンキー・暴走族です。とくに、静本はその筋の人からスカウトされたこともある〝レベルの高い〟ヤンキー・暴走族でした。

当時の彼らには、礼儀も教養も知恵もなく、そのうえ眉毛もない。反面、**圧倒的な行動力と主体性**を持っていました。自分たちが「面白い」と思ったことに対しては、決して妥協はしない。**徹底して突っ走る行動力**だけはあったのです。

ものづくりへの興味があれば、たとえ**元ヤンキー・暴走族でも、プログラマーとして活躍**できる。それがヒルトップの特徴です。彼らが組んだプログラムは、外見とは正反対で実に**繊細**でした。彼ら3人を社員教育で徹底的に鍛え、「人」を変えてきたからこそ、今のヒルトップがあるのです。

2 「本社」を変えた

「中小企業こそ本社の外観にお金をかけるべきだ」という信念から、2007年12月に京都フェニックス・パーク（京都府宇治市）に新社屋を竣工《しゅんこう》しました（巻頭口絵参照）。

「地味で暗い」「油まみれで汚い」という町工場のイメージを払拭《ふっしょく》。**建坪600坪の5階**

建、**東側は全面ガラス張り**。外観はコーポレートカラーの**ピンク**。徹底的に社員同士の**対話と創造性**を重視。4階には社員みんなが集まる**社員食堂**、最上階には**筋トレルーム**や**浴室**もあります。工場内には、最先端の5軸マシニングセンター（240種の刃物を装備したコンピュータ制御の工作機械）もあり、本社を訪れた方の多くが、「鉄工所には見えない」と驚かれます。

通常、アルミ加工には欠かせない表面処理は、切削加工と異なるカテゴリのため外注しますが、品質と納期の両面から内製化に踏み切り、表面処理も自社内にラインを完備しています。

3 「つくるもの」を変えた

人口減少時代を迎え、日本から大量生産のニーズは、ほぼ消えました。これからの小さな会社は、**多品種少量生産**で生き残っていくしかありません。とても厳しい時代です。

そこでヒルトップでは、大量生産品（量産部品）の扱いをやめ、**単品ものに特化**しました。精密機械、医療機器、航空機部品、自転車部品、マイクスタンドなど、アルミ加工製品なら、どんなものでも単品・少量で加工します。

現状は、**製作数1～2個の多品種単品が受注全体の8割。月に3000種類**をオーダーメイドでつくっています。

売れ筋を大量生産するのではなく、「それほど頻繁に依頼がこないもの」でもつくれる体制を整え、多品種少量生産に対応する。これからの製造業は、**「あの会社にお願いしたら、どんなものでもつくってくれる」**と思われないと生き残っていけないのです。

4 「つくり方」を変えた

普通の鉄工所の場合、就業時間の8割が機械の前、2割がデスク仕事ですが、ヒルトップでは**この割合を逆**にしました。**昼間は、デスクで人がプログラムをつくる。人が帰った夜中に、機械に働いてもらいます**。

これが、私たちが**「ヒルトップ・システム」**と呼ぶ生産管理システムです。

このシステムには、職人がこれまで追求してきた技の結晶の数々がデータベース化され、機械や工程の決定、プログラム作成のパラメータ（プログラムの動作を決定する数値）の入力を大幅に削減しています。通常は800項目以上入力しないといけませんが、このシ

ステムなら、たった**25項目**ですんでしまいます。

受注から部品製作・納品まで全工程でＩＴが駆使され、多くのプロセスが自社開発ソフトでデジタル化されています。

データを機械に送信すれば、夜のうちに工作機械が稼働し、朝には完成します。

これにより、**納期が半分**になりました。受注から納品までの最短日数は、**新規受注で5日、リピート受注で3日**です。このスピード感は、これまでの常識では考えられない数字です。

プログラマーの操作は、「どの部位に、どの刃物を使うか」を画面上でクリックするだけ。回転数や送り速度などは自動入力されるので、従来のソフトに比べプログラムにかかる時間は**約10分の1**になりました。

5 「取引先」を変えた

下請会社の多くは親会社からの受注に依存していますが、親会社次第で受注がゼロになることもある。こんな状況では、常に不安定な経営を強いられます。

下請という待ち型ビジネスモデルの行き着く先は、「コストダウン」しかない。取引先を失うことを恐れるあまり、不利な条件で取引を続けるくらいなら、リスクを背負ってでも自立するべきです。

当社では、**1社依存率を30％以下**にとどめています。取引先を分散すれば、1社失っても倒産リスクを回避できます。

ヒルトップでは、取引先が毎年、**約100社**入れ替わっています。従来の取引先を失うのは**事業の新陳代謝**と前向きにとらえています。だからこそ、どんどん新しいことにチャレンジできるのです。

大嫌いだった鉄工所を継いだ理由

ヒルトップが、現在のような会社に変わるまでには、多くの時間がかかりました。

ヒルトップの前身は、父が創業した山本精工所です。製造業とは無縁だった両親が鉄工所を興《おこ》したのは、長男・山本正範を思ってのことでした。

兄は3歳のときに大病を患《わずら》い、一命をとりとめたものの、治療に使った薬の副作用で聴力を失いました。そのことに責任を感じた両親は、わが子の将来を憂《うれ》い、「耳が聴こえなくても働き口に困らないように」と鉄工所を始めたのです。

創業後は、大手自動車メーカーの下請、孫請工場として部品製造を請け負い、両親は朝から晩まで全身油まみれになりながら、兄、私、弟（山本昌治《やまもとしょうじ》／現専務）の3人を育ててくれました。

厳しい仕事に耐えてきた両親に感謝する一方で、私は**鉄工所の仕事が大嫌い**でした。

鉄工所は、重労働のわりに利益が出ません。工場は昼間でも薄暗く、母親は前掛け代わりに新聞紙をはさみ込んでいました。「あばらや」のような町工場を到底継ぐ気にはなれなかったのです。

ですから、大学卒業後は大手商社に入社するつもりでしたし、実際、内定も出ていました。

ところが、ちょうどその頃、鉄工所を技術面で支えていた叔父が独立したため、「手薄になった工場を兄弟3人で支えてほしい」と母から泣いてせがまれました。

さすがに母の涙を見て見ぬふりをすることはできません。

男勝りに、油まみれになって働く母が痛々しく、なんとかラクにしてあげたいという一心で、嫌々ながら、私は家業を手伝うことになったのです。

売上の8割を捨てても、絶対やりたくなかったこと

私が入社したのは1977（昭和52）年。社名は「有限会社山本精工」でした。

当時、山本精工が受注する仕事の**8割は、自動車の部品加工**でした。

あるとき、自動車メーカーの子会社（A社）から「今度、量産ラインの仕事をやっても

らえないか」と提案され、A社の現場研修を受けたことがあります。

研修期間は6か月間でした。しかし、私が覚えているのは**最初の2日間だけ**です。

・研修1日目

「A社は下請といっても、大手自動車メーカーのラインを任されているだけあって、規模が大きい！　孫請のうちとは大違いだ。お〜すごい、こんな立派な機械まであるのか！」

・研修2日目

「鍛造《たんぞう》素材をこの治具《じぐ》につけて、ボタンを押して、ターンテーブルを回して……。こうして、こうして、こうやって部品を取りつけるのか。なるほど。でも、これを1日に6000個も7000個もやるの？　これって本当に、人間がやる仕事？」

研修3日目以降は、毎日毎日、同じことの繰り返しです。機械的に同じ作業を繰り返すだけ。変化のない日々に疑問を感じた私は、同じラインで働くM先輩に聞いてみました。

「毎日毎日、ずっと同じことをやっていて、しんどくないですか？」

すると、M先輩はこう答えました。

「バカか、おまえは。仕事なんだから、しんどいに決まっているだろう！」

また、あるとき、工場の時計が故障しているのに気づいた私は、Mさんにそのことを指摘しました。

「あの時計、壊れているみたいですよ。さっきから見ていますけど、動きが遅い。作業を始めてから、どう考えても1時間は経っているのに、あの時計はまだ15分しか進んでいない。絶対におかしいですよ」

するとMさんは、ニタニタ笑いながら、こう言いました。

「おまえ、それは初期症状や。時計は壊れていない。おかしいのは、おまえのほうや。この仕事を始めたヤツは、みんなあるねん、それ。おまえ、作業中に仕事のことを考えてるやろ。それがあかんねん。ええか、おまえ、もう何も考えるな。考えたらあかんで。考えてたら耐えられへん。続かへん。頭を無《む》にするんや。何も考えんと、手だけ動かせ。俺らはみんなそうしてるで」

私は、納得できませんでした。

人は機械やない。**人には人にしかできない仕事があるはずや。**眠っているとき以外、大部分の時間を仕事に費やしているのに、その仕事を「しんどくても機械のようにやれ！」はおかしい。**楽しくなければ仕事やないやろ。**

人間をロボットのように扱う製造業の現実を見て、私は耐えられませんでした。

研修を終えた後、ラインの仕事を請け負うことになったのですが、くる日もくる日も同じ作業を繰り返すだけ。閉塞感《へいそくかん》を抱いた私は決意しました。

「退屈なルーティン作業ではなく、もっと人間らしい仕事がしたい」
「取引先からのたび重なるコスト削減要求の先に未来はない」

と父を説《と》き伏《ふ》せ、それまで**8割ほどあった自動車部品の仕事をすべてやめる決心をしました。**

そして、下請から脱却するため、多品種少量生産へ一気に舵を切ったのです。

「丘の上」を目指した24時間無人加工システム

親会社に、「下請をやめる」と申し出た2か月後、工場内の機械はすべて引き上げられ、**売上の8割を喪失**しました。

私は、下請脱却を申し出た張本人です。

その責任を果たすため、新規顧客の獲得に日々奔走《ほんそう》しました。

しかし、**それからの3年間は、まさに地獄**でした。売上も仕事も給料もなく、路頭に迷ったのです。

生活するお金にも困り、酒屋さんに、「何度も何度も、醤油や味噌をツケで買うのは勘弁してくれ」と怒られました。

そんな厳しい状況の中で、長男の山本勇輝《ゆうき》（現アメリカ法人CEO）が生まれました。

しかし、日々、明け方近くまで仕事をしていたので、今思い出しても、長男の起きている姿を見た記憶がありません。休みも正月の3日間だけ。「何としても仕事を取ってくる」という思いにとらわれ、まわりが見えなくなっていた。あのときの私に家族を思いやる余裕はありませんでした。

「このまま、本当に終わってしまうのではないか」という怖さに怯《おび》えながら、毎日必死にかけずり回り、つくったことのない製品でも手当たり次第に受注しました。

勝手がわからないため、コストも時間もかかりましたが、それでも多品種少量生産（単品加工）には、大量生産にはない**〝わくわく感〟**があったのです。

単品加工の仕事には、知的興奮がありました。

けれど、単品加工の仕事でさえ、リピート注文が入ってくると、同じ作業を繰り返す。そうなると知的作業ではなくなり、「前はどうやってつくったのだろう」と思い出しながらの作業になる。一度受注した加工にもかかわらず、人のあいまいな記憶に頼ると作業時間だけは長くかかります。

そこで私は決断しました。

「**すべては定量化できる。**職人の技術やノウハウをデータベース化し、ルーティン作業は機械にさせる。そうすれば、人がルーティン作業から解放され、知的作業に集中できる。加工の仕方をデータベース化しておけば、リピート受注があったときにすぐ対応できるはずだ……」

そんな思いから、私はコンピュータと機械のオンライン化に着手しました。

職人それぞれに手法が異なる暗黙知（職人のカンや感覚）を分析し、データベースに落とし込む作業を淡々と繰り返したのです。

そして、ついに**「多品種単品・24時間無人加工システム」**が完成しました。

当社では、このシステムを**「ヒルトップ・システム」**と呼んでいます。

ヒルトップを襲った大惨事

2002年度には、「関西IT百撰」最優秀企業に選定されるなど、「ヒルトップ・システム」は徐々に注目を集めるようになり、私たちは堅調に業績を伸ばしていきました。

私自身も有頂天になっていました。


しかし、「好事魔多し《こうじまおお》」。

2003年12月22日、私は、**その後の人生観、死生観にありえないほどの影響を及ぼす悲劇**に見舞われたのです。

私が2階の事務所で給与計算をしていると、どうも階下が騒がしい。

何かあったのかなと心配になって下に降りると、1階の工場からもくもくと煙が立ち込めていました。

「火事だ！」


消火器をかき集めて消そうとしましたが、爆発を繰り返し、火の勢いは収まりません。

厄介《やっかい》だったのは、有機溶剤の入ったペール缶（鋼鉄製の缶）に引火していることでした。

「このペール缶を外に出さなければ、埒《らち》があかない！」

そう思って缶に手をかけると、「ジュッ」と手の焼ける音がしました。

けれど、熱さを感じる余裕もない。缶をつかんで走り出した瞬間、自分がまいた消化剤で足を滑らせ、私は頭から有機溶剤をかぶってしまったのです。


全身に火が回る。

恐ろしいほどに顔が熱い。

転げ回る私を社員たちが上着で覆《おお》い、火が消えたときは、履いていたズボンも着ていたシャツも燃えてなくなっていました。

手は透明のゴム手袋をしているように二重に見えて、指先からは「何か」が垂れていました。

やがて、消防車が到着。消火活動が進む中、私は救急搬送され、病院に到着してすぐに意識を失いました。

1か月間意識を失い、生き地獄を味わう

皮膚が焼け落ちていたので、入院中は全身を包帯でぐるぐる巻きにされていましたが、それでも私は、年明けには退院できるだろうと軽く考えていました。

ところが担当医は、「山本さんに何もなければ、退院の可能性があるかもしれない」と言った後、口をつぐんでしまったのです。

やけどで皮膚を失った私の体は、雑菌の温床《おんしょう》と化していました。

翌2004年1月5日、合併症により内臓に障害を併発。危篤状態に陥った私はICU（集中治療室）に運び込まれました。

意識が戻ったのは、それから1か月後。

後から聞かされたのですが、40度の熱が1か月間続いていたそうです。

担当医のひとりは、「正直、もうダメかもしれないと思った。目が覚めてよかった」と安堵《あんど》していました。

入院中は、生き地獄を味わいました。

全身の約30％が熱傷で、体中に炎症を起こしていたため、1ミリでも体を動かせば、激痛が走ります。睡眠導入剤を飲んでも、「眠ったら、もう2度と目が覚めないのではないか」という恐怖にかられ、毎日2時間くらいしか眠れませんでした。

入院から4か月後になんとか退院できましたが、炎症による発熱は、それから1年以上もおさまらず、アイシング用の氷のう《ひょう》を持ち歩いていたこともあります。真冬でも、焼けただれた両腕を氷水《こおりみず》に浸す生活が続きました。

九死に一生を得た私は、辛いリハビリに耐えながら、「自分に残せるものは何か」「自分が死んでも受け継がれていくものは何か」を模索しました。

そして、その答えが、「夢工場の建設（本社の移転）」だったのです。

これからは「ものづくりをしない製造業」が生まれる!?

２０１４年４月に、「山本精工株式会社」から「ＨＩＬＬＴＯＰ株式会社」に社名変更しました。

私たちにとって「丘の上（ＨＩＬＬＴＯＰ）」とは、「余裕を持って、楽しみながら登れる場所」です。

丘の上を目指しているうちに、**社員の活気も業績も右肩上がり**になってきました。

高度経済成長期にかけ、日本の製造業は横並びで「高く険しい山頂」ばかり目指していましたが、成長が鈍化して勢いが落ち込んだ今、登ることも降りることもできずに途方に暮れています。

ならば、無理して高い山を登るのではなく、**自分たちにしか登れない「小高い丘の上」**を目指せばいい。そして、「これだけは絶対に負けない」と胸を張れるものをひとつだけでも持てれば、仕事の喜びにつながります。

あえて言います。製造業の最終目的は「ものをつくること」ではありません。

これからの製造業は、ものづくりから**サービス業**に変わっていかなければいけません。

いわば**「製造サービス業」**でないと生き残っていけないと私は確信しています。

これからは、**「ものづくりをしない製造業」**が生まれる可能性があるからです。


お客様を相手にする以上、すべての会社はサービス業だと思います。ですから、**会社を変える原理原則は同じ**です。

瀕死のどん底から這い上がったヒルトップの様々な改革が、みなさんの仕事や人生に少しでもお役に立てればと思い、今回、初めて書籍を出版することにしました。


どうすれば、わくわくして仕事ができるか。

どうすれば、夢も希望もない世界で、夢を持ち続けられるか。

どうすれば、人のモチベーションは自動的に上がり続けるか。

どうすれば、〝遊ぶ鉄工所〟でも、右肩上がりの業績になるか。

どうすれば、小さな会社でも、ディズニー、NASAから認められるか。

どうすれば、旧態依然としたビジネスモデルから脱却できるか。

どうすれば、時代の変化を先取りし、新しいことにチャレンジできるか。

どうすれば、日本中、世界中から若い〝知的体育会系〟を採用し長く勤めてもらえるか。

どうすれば、入社半年で、どんな社員でも一人前にする研修プログラムができるか。


本書が、組織の人づくり、風土づくりに苦労している経営者・幹部・リーダークラスの方々、仕事の面白さを実感できない中堅や若手の方々、新しいことをやりたいが暗中模索している方々にとって、少しでも活性化のヒントになれば、著者としてこれ以上の喜びはありません。

２０１８年６月吉日

ＨＩＬＬＴＯＰ株式会社　代表取締役副社長　山本昌作《しょうさく》

contents

prologue
有頂天の私を襲った大惨事

chapter 1
脱下請！ 楽しいことしか仕事にしない「夢工場」

chapter 2

業界初！ 24時間無人加工にした「ヒルトップ・システム」の秘密

chapter 3

社員みずから動きだす!モチベーションが自動的に上がる方法

chapter 4
初公開！ どんな社員でも入社半年で一人前になる育て方

chapter 5

この新卒採用で会社が変わり始めた！

epilogue

この世にないものを生み出したい

chapter 1

脱下請！
楽しいことしか仕事にしない
「夢工場」

「儲かりそうか」より「楽しそうか」

楽しくなければ仕事じゃない

私が入社した当時（1977年）の山本精工は、社員が5～6人ほどの零細町工場で、ひたすら孫請の仕事を行っていました。

工場内は昼間でも薄暗い。

「鉄工所は儲かる」と言われていたのに、重労働のわりに利益はほとんど残らない。

ネジ締め作業で腫《は》れ上がった母の両手を見て、私は「テコの原理で軽く締め上げられる治具《じぐ》」など、様々な道具を自作しました。

父は、私の母を思う気持ちに理解を示す一方で、たびたび「金にならない作業はするな」と口にしました。

「大事なのは売上を確保すること。そのためには下請(孫請)に徹するんだ」

これが父の考えでした。

しかし、私にとって日々繰り返される単調な作業は、苦痛以外の何ものでもありません。ルーティン作業には、楽しさがゼロだったからです。

仕事の楽しさは、**知的作業**の中にあります。

「図面を見て、どの機械を使うのか、材料は何を使うか、敷板《しきいた》は何ミリか、どの向きに取りつけるのか、刃物は何を使うのか」を考えるプロセスこそ人間らしく、人間がやるべき仕事です。

しかし、山本精工が請け負っていた自動車部品の量産には、人間のやるべき仕事(知的作業)は残されていませんでした。言われたとおりにただ削るだけ。量産ものに知的作業はありません。まったく楽しくない。

そこで私は、**「楽しくなければ仕事じゃない」**という思いから、おもいきって売上の8割を占めていた自動車部品の仕事をやめ、知的作業の多い「単品もの」主体に切り替えたのです。

製造業（工場経営）にとって大切なのは、**ルーティン作業と知的作業を区別**することです。知的作業を人が担い、ルーティン作業は効率よく情報化・機械化する。機械にできることはどんどん機械に任せ、人はより創造的な分野での知的作業を楽しむ。これこそが**自分たちにしかできない仕事で勝負する**ということです。

「儲かりそう」より「楽しそう」で1億円投資

ヒルトップでは、ＡＧＶ《エージーヴィ》（Automatic Guided Vehicle／無人搬送車）を開発しています。開発を始めたのは、受注があったからではありません。**「楽しそうだから」「社員のスキルアップにつながるから」**です。開発にかかった費用は**約1億円**。すべて自費です。

このＡＧＶを「設計・製造ソリューション展」（日本最大の製造業向けＩＴソリューション専門展）で披露したところ、東証一部上場のスーパーゼネコンから「搬送用ロボットの開発に力を貸してほしい」と依頼がきました。予算は１０００万円です。

「１億円もかかったのに、１０００万円の売上しか生まないのは、実りが少ない」と思われるかもしれませんが、私の考えは違います。

「全部自費だと思っていたので、1000万円も稼げてよかった」

さらに現在では、このスーパーゼネコンから、溶接ロボットや床張りロボットの開発案件をいただいています。**楽しいことをやろうという強い意思が、付加価値を生んだ**のです。

1億円かかった「AGV」

「楽しそうだな、面白そうだな」と思ったら、とりあえず全力でやってみる。やってみて、本当に楽しかったら続ける。それほど楽しくなかったら、いさぎよくやめる。これが仕事を受ける基本です。

そして、「楽しさ」を起点にすることこそ、自分たちにしかできない仕事をやりぬく基本姿勢でもあります。

私は、費用対効果という概念が嫌いですし、そもそも、「儲かるならやる」「儲からないならやらない」という発想がありません。

「儲かるかどうかわからないが、楽しそうだからやる」「儲からなくても、社員のスキルが上がるならやる」からこそ、今のヒルトップの強さがあると思います。

通常、コスト削減は重要な経営課題ですが、これまでコスト削減を目的にしたことは一度もありません。

「採算が合うか合わないか」より、**「楽しいか楽しくないか」「やってみたいかやってみたくないか」**で仕事を選んでいます。

それでも、冒頭で触れたとおり、ヒルトップの業績は右肩上がりです。

いつ花が咲くかわからない長期的な開発でも、リスクは厭《いと》わない。

その仕事が楽しそうなら、時間と費用を惜しみなく投下します。

「楽しいことをやる」というのは、決して軽い気持ちで口にしているわけではありません。

いつまでも下請に甘んじるのではなく、知的で楽しい仕事をやっていきたい。

そして、**自分たちにしかできない仕事をする、世界にひとつしかない会社**になりたい。

こうした強い決意のもと、変革を行ったのです。

この方針を貫くことで、**社員もイキイキ**して、楽しみながら仕事に取り組んでいます。

「楽しむ気持ち」こそが、唯一無二の仕事を成し遂げるための源泉です。

鉄工所から月面へ！
「利益」を追いかけるのではなく、「人の成長」を追いかける

「お金」より「人」を残せ

経営者は、会社の利益を上げる責務があります。

でも私は、利益だけを追いかけているわけではありません。むしろ、追いかけているのは「人の成長」です。

頭を使わないルーティン作業では、人が育つはずはない。そして、人が育たない会社に未来はない。ルーティン作業の多くは、人間の成長をジャマします。

人を成長させるのは、**わくわくドキドキの楽しさ**しかありません。だからヒルトップは、**受注を減らし売上を落としてでも、楽しい知的作業にシフト**しました。

バブル全盛期に、多くの鉄工所（町工場）が大量生産品に注力する中、私は大量生産品に見向きもせず、単品ものに特化しました。すると、同業者からこう言われました。

「山本さんは、頭がおかしい。量産の仕事をすれば、ほうっておいても儲かるのに、どうして七面倒くさい単品の仕事ばかりするのか」

私にとっての「楽しい仕事」は、同業者からは「七面倒くさい仕事」だと思われていたのです。

多くの会社が大量生産に傾倒《けいとう》するのは、お金儲けが経営の第一義になっているからでしょう。私の父がそうだったように、会社にお金が残らないと意味がないと思っている。

しかし、私は違う。

優先するのは**「人」を残す**こと。

社員のスキルとモチベーションを上げることが会社の存在理由であり、**「お金が残らなくても、人が残ればいい」「売上は二の次で、徹底して楽しく仕事ができればいい」**と考えています。

前述した開発部長の谷口も、こう言っています。

「開発案件はゼロからのスタートですから、試作機をつくるまでに、最低でも3～4か月かかる。ですから、短期の売上に目を向けるなら、多品種単品は得策ではありません。でも、数字にとらわれていると、結局、価格競争に忙殺《ぼうさつ》され、『新しいこと』に取り組む意欲が生まれなくなる。そんなとき、ボス（副社長）から『売上だけを追っかけてどうするねん。コストがどうとか、**費用対効果なんてどうでもええ**から、開発段階から**自分たちの意思を反映できる仕事**を選べ』と言われるので、やってやろう！　という気持ちになるんです」

日本発の民間月面探査チーム「HAKUTO」に参加

ヒルトップは、世界初のロボット月面探査レース「Google Lunar XPRIZE（グーグル・ルナ・エックスプライズ）」に挑戦した日本発の民間月面探査チーム「HAKUTO（ハクト）」のサポーティングカンパニーです（HAKUTO自体は「株式会社ispac

日本発の民間月面探査チーム「HAKUTO」のローバー

e」が運営)。

「グーグル・ルナ・エックスプライズ」は、グーグル支援のもと、エックスプライズ財団によって運営された世界初の月面探査レースです。低コストによる新しい宇宙ビジネスの育成や、月資源の開発・利用の実現を目指していました(期限までに探査車を月面に到達させるチームが存在せず、レースは終了)。

レースのメインミッションは3つ。

①「月面に純民間開発ロボット探査機を着陸させること」

②「着陸地点から500メートル以上移動すること」

③「高解像度の動画や静止画データを地球に送信すること」

このメインミッションを最も早く達成した優勝チームに、2000万ドルが贈られる予定でした（準優勝チームには500万ドル）。

当社は、アルミ、ステンレス、チタン、マグネシウム部品を対象としたローバー（探査車の名称は、SORATO／ソラト）のフライトモデル、および試作機の加工部品を提供していました。

ソラトは4輪で、重さ約4キロ、全長約58センチ。車輪には、軽くて衝撃に強く、耐熱性にすぐれた「ポリエーテルイミド樹脂」が使われています。

車輪には、1輪につき14枚の歯がついていて、歯の厚さを1・7ミリから0・9ミリまで薄くした結果（4輪で14グラムの軽量化）、ソラトを月まで運ぶ輸送費の削減につながりました。

ありがたいことに、部品を検査したハクトの技術者からも「ヒルトップは早さと精度の両立に応えてくれ、なくてはならない存在」と評価していただきました。

当社がハクトに技術協力をしたのは、費用対効果が高いからではありません。

「面白そうだから」「新しい技術にチャレンジすることで人が成長するから」です。

製造部長の井田貴久《いだたかひさ》と副部長の宮濵司《みやはまつかさ》がこのプロジェクトに携わっていましたが、井田はこう言います。

「強度を保ちながら軽量化を図らなければならず、ホイールの試作だけでも100輪以上つくったと思います。当社はアルミをメインに加工している会社ですが、ハクトに関わったことで**初めてマグネシウムを削り**ました。マグネシウムは燃えやすいので、扱い方を間違えると発火します。ですから、加工方法を勉強する必要がありました。

一般的にアルミを削る際には、切削油に水を加えて使いますが、今回のケースはそれでは対応できないことがわかり、専用の油に変えたりしました。新しいことを成功させるには、新しい勉強をしたり、新しいやり方を試したりしなければなりません。残念なことに、レースは打ち切られてしまいましたが、こうした**新しい経験の積み重ねが人を成長させる**のだと思います」(井田)

一方、宮濵は、入社当時から「宇宙への興味」を口にしていました。

「私が入社したときには、まだハクトの話はなかったのですが、ヒルトップは同じパーツをつくり続けるのではなく、多品種単品でいろいろなものを開発・製造しているため、いずれは宇宙関連の部品製作に関わる機会がくるのではないかと思っていました。副社長はそのことを覚えてくれていて、『おまえ、宇宙が好きなんやろう？　井田と2人でリーダーとしてやってみいへんか』と声をかけてくれました。内心、うれしかったですね。ただ試行錯誤の繰り返しで、正直、とても大変でした。1回つくっても、動かしているうちに割れたり欠けたり動かなくなることもあって、部品の改良だけでも1年以上かかっています。

宇宙空間は温度差が大きいため、熱の放射なども考慮した設計が必要です。光の反射の具合でローバーが持つ熱の量が変わってしまい、動かなくなることもあるので、普段はつくらないような形状の部品をつくる必要がありました。

『任された以上は、成功させなあかん』というプレッシャーも大きかったのですが、**普通の会社では絶対にできないことを経験**しました。プレッシャーの中でもやりがいがあるからこそ、成長しているなという実感があります」（宮濵）

チャンスは平等!ストライクゾーンから少し外れたボールゾーンを狙え

クロスエフェクトが大成功した理由

2代目、3代目の経営者の多くは、「親（先代）から受け継いだ事業をそのまま継続するのが正しい」「下請は、言われたものをつくっていればいい」と考えています。

私はそうは思いません。

自分の運命も会社の運命も、**自分たちで決められる**はずです。

私たちに制限はありません。自由です。メーカーになることも、コーディネーターになることも、新しい市場を切り拓くイノベーターになることもできる。それなのに、下請に甘んじて汲々《きゅうきゅう》としていたら、みずからチャンスを逃しているに等しい。

「3D心臓シミュレーター」（CTスキャンデータの情報を立体化して形にし、手術前にトレーニングを行うシミュレーター）の開発で「ものづくり日本大賞・内閣総理大臣賞」を受賞した株式会社クロスエフェクトの竹田正俊《たけだまさとし》社長は、自分の手でチャンスをつかみ取っています。

しかし、竹田社長も、かつては「チャンスをつかむも逃すも自分次第」ということに気づいていませんでした。

2005年、国立循環器病研究センターの白石公《しらいしいさお》先生から、「赤ちゃんのCTスキャンのデータから本物に近い心臓をつくれないか」と打診があったとき、竹田社長はその申し出を断りました。

「技術的に難しい。本業で精一杯。お金もかかるうえに、儲かるかわからない。ややこしい仕事を受けたら、うちの現場に迷惑をかける」と思ったからです。

その後、「京都試作ネット」（試作に特化したソリューションの提供をする団体。私が2代目の代表理事）の勉強会に参加した竹田社長から、私はこんなことを言われました。

「山本副社長はズルい。山本副社長のところにしかチャンスは回ってこない」

私はこう答えました。

「それは違うで。**チャンスは平等にある**。自分たちのまわりにはチャンスはいくらでもあり、通りすぎている。そのチャンスを見ようとしないから、見えないだけ。見えたとしても、チャンスをつかもうとする努力をしないから、つかめない。

儲からへんとか、税金が高いとか、下請制度が悪いとか、グズグズ言う前に自分からアクションを起こせばええやん。

仕事が回ってけえへん？　回ってこないのなら、仕事を取りに行けばええやん。

この業界に仕事あらへん？　だったら、別の業界の仕事をやってみればええやん。

待っているだけでは、チャンスは手に入らない。経営者の仕事は、**外からチャンスを**

持ってきて、事業にすることだよ」

２００９年、白石先生から再度、「心臓モデルをつくるパートナーがまだ見つからない」と相談を受けた竹田社長は、即座に事業化を決断しました。そして今、大成功しています。**思いもしなかった市場**に飛び込んでみることで、**思いもしなかった顧客が、思いもしなかった目的**のために、自社の技術やサービスに目を向けてくれることがあります。

クロスエフェクトが新たな顧客を創造できたのは、「医療」と「ものづくり」の連携の中にビジネスチャンスを見出し、チャンスをしっかりつかんだからです。

ストライクゾーンから少し外れたボールゾーンに宝あり

自分のストライクゾーン（得意分野）にきた仕事をしていれば、それなりの結果は得られます。けれど、それ以上の結果も、それ以上の楽しさも得ることはできません。

「自分たちの技術はこの範囲にしかない」「自分たちの得意分野はこれだ」と決めつけていると、目の前にあるチャンスを逃してしまいます。なぜなら、チャンスは、**「ストライ**

クゾーンから少し外れたボールゾーン」にあるからです。

ヒルトップでは、あえてストライクゾーン（業務範囲、作業範囲）を決めていません。中小企業の多くは、「これはうちでやる仕事だけど、それはうちの仕事ではない」「これはできるけれど、これはできない」と勝手にストライクゾーンを決めています。しかも、そのストライクゾーンが針の穴ほど小さい。

ストライクゾーンを決めてしまうと、「振ったら当たる仕事」「自分たちにできる仕事」しかやらなくなります。

しかし、常にボールがストライクゾーンにくるとは限らないのですから、「打てる、打てない」「できる、できない」で仕事を選択してはダメです。

ストライクゾーンから外れていても、**「面白そう」なら、とりあえずバットを振ってみる**。悪球に手を出すと空振りするかもしれない。しかし、場外ホームランになることもある。

ヒルトップがロボット、医療、バイオ、宇宙といった先端産業で成果を挙げることができたのは、「直接的な利益につながらない仕事」「やったことのない仕事」でも、見逃さずに**フルスイング**した結果です。

人間の機能は、単機能ではありません。「この会社の、この仕事をするには、このスキルが必要」としても、それに特化しすぎて、それ以外の機能を封印するのはもったいない。人間には、**何でもできる高いポテンシャル**が備わっているのですから、それを発揮できる環境を整えるのが企業側の責任です。

「社員食堂ビジネス」でホームラン

ヒルトップの社員食堂は、自主運営ではありません。外部の食堂業者（株式会社都給食）に委託しています。

新社屋を建設するとき、社員はまだ36人でした。

でも私は、**「100人以上の社員が一度に利用できる社員食堂」**をつくろうとした。社員食堂こそが、社員を活性化し、会社を大きく変えると確信していたからです。

そして、社員食堂の運営を、私の大学の後輩である都給食の西島週三《にしじましゅうぞう》社長に託そうと考えました。

西島社長に「たったの36人なんだけど、社員食堂をやってくれ」と頼んだところ、彼は

首を横に振ってこう反論されました。

「36人では少なすぎます。200人くらいの規模でないと、採算が取れない。それにうちは給食業者です。社員食堂はやったことがない」

頭にきた私が、

「おまえ、今までいろいろと相談に乗ってやったのに、オレに恩はないのか」

と詰め寄ると、

「先輩にはものすごく恩があるんやけど、この人数では絶対に無理です」

と頑なに断ってきました。

私も負けずに反論しました。

「おまえ、いつかは社員食堂の市場に出たいと言うてたやないか。よく考えてみろ。社員食堂の運営をしたことがないおまえに、いきなり大口の取引がくると思うか？

オレは思わない。だったら、たった36人やけど、まずはヒルトップで結果を出せばいい。

そして、その実績を売り込めばいい。ダムウェーター（荷物を運搬するための小型エレベータ）でもなんでも、必要な設備は全部こちらで用意する。だから安心して、力をふるってほしい」

私に押し切られる形で、西島社長は、渋々引き受けることになりました。

その後、都給食は中小企業に特化した「社員食堂ビジネス」で大きく成長しています。

当初、西島社長は、「給食業者の競争相手は同じ業界にいる」と考えていました。

しかし、給食業者のライバルは、給食業者だけではない。ファストフードであり、コンビニエンスストアであり、ケータリングカー（移動販売車）です。

同業者を相手に、今までと同じ戦い方をしても、企業の成長は見込めません。

だとすれば、時代の変化に合わせて、目線を変え、やり方を変え、新しいビジネスモデルを構築する必要があるのです。

作業着ではなく白衣を着て仕事をしよう! 社員がイキイキ働く鉄工所に変える

「変わりたい」と思えば、現実が変わる

ヒルトップの工場見学を終えた同業者のA社長から、自嘲《じちょう》ぎみにこんなことを言われたことがあります。

「立派な本社ビルと『ヒルトップ・システム』があれば、そりゃあ、多品種・単品・24時間無人加工だって実現できますよね。やりたいこともできるでしょう。うちのように社員が10人しかいない小さな会社には、どだい無理な話です」

この社長は、**大きな勘違い**をしています。

本社ビルと「ヒルトップ・システム」があるから、「脱量産・脱下請・脱肉体労働」を実現できたのではありません。

順番が**「逆」**。

「夢工場をつくるぞ！」「白衣を着て働く工場にしてみせるぞ！」と夢を持ち続けたからこそ、本社ビルと「ヒルトップ・システム」を完成できたのです。

この社長と私に違いがあるとしたら、それは**「想いの強さ」**だけかもしれません。

A社長がいつまでも下請から脱却できないのは、「しょせん下請の町工場は、油まみれになって機械を動かすしかない」と自分の天井を決めているからです。

「無理だ」と思っている限り、絶対に「無理」。

「無理だ」と思うと視野が狭くなり、新たな可能性やビジネスチャンスに気づけなくなる。

しかし私には、「無理だ」という概念がありません。

人は、目標や夢を持つことで道が開けていきます。

私たちの夢は、「丘の上」に立つこと。

大企業が富士山なら、うちは丘。「ヒルトップ」という社名には、「アルミ加工の分野で頂点を目指す。絶対にどこにも負けない」という強い想いが込められています。

モテる、歌って踊れる鉄工所

私は、山本精工に入社して3年後に工場長になりましたが、油と削りカスにまみれた自分のみすぼらしさに嫌気がさし、いつも「**女の子にモテる鉄工所**にしたい」「**歌って踊れる鉄工所**をつくりたい」と本気で思っていました。

しかし、単純労働の不条理に耐えかね、社員に向かって、

「社員が誇りに思えるような、夢の工場をつくるぞ」

「油にまみれるのではなく、白衣を着て働く場所にしてみせるぞ」

と声高に呼びかけてみたものの、反応はなし。

私以外、誰も信じていなかったのでしょう。社員から、

「工場長！　鼻の穴まっ黒にして、何バカなことを言ってるんですか。爪もこんなに汚れていて、タワシで洗わないとあかんのですよ。頭から爪の先まで油まみれになっているの

に、白衣なんか着てどうするんですか！」

そんなあきれ声が聞こえてきても、私は意に介さなかった。なぜなら、**「『変わりたい』という気持ちを捨てなければ、運命に抗《あらが》うことができる」「嘘も、100回目は本当になる」**と信じていたからです。

日常会話レベルで何度も夢を

東京オフィス支社長の静本雅大も、私同様、「鉄工所のイメージを変えたい」と真剣に思っています。

「かつての私たちがそうだったように、製造業には、『汚れた工場で、汚れた作業着を着て、油まみれになって仕事をするのがあたりまえ』というイメージがありますよね。でも、『汚いのがあたりまえ』と思っている限り、その状況からは脱却できません。

けれど、同業者がヒルトップの工場を見たときに、『あんなにキレイな工場で、ものがつくれるの？　だったら自分たちも変われるかもしれない』と思ったとしたら、製造業のイメージは少しずつ変わっていくのではないでしょうか。

たとえ私が生きている間に変わらなくても、50年後、１００年後には『製造業は、キレイな工場で白衣を着てする仕事』に変わっているかもしれない。ヒルトップがその先がけになればいいと思っています。

ヒルトップに入社したのは、今から36年前。当時、私も副社長も油まみれになりながら、**『いつか、白衣を着て仕事をしよう』**と何度も夢を語り合いました。

そしてその夢は現実となり、スーツを着て、東京のキレイなオフィスで仕事をしています。**日常会話になるくらい、何度も夢を語り続ける。**そうすれば、**どんなに大きな夢でも実現する。**私はそのことを副社長から教わりました」（静本）

小さい会社こそ大きな価値がある

負け犬根性くそったれ

２０１７年冬のボーナスの平均妥結額は「91万６３９６円」。製造業の平均は「92万１９０７円」です（東証一部上場、従業員５００人以上、主要21業種の大手２５１社調査対象、集計した74社の妥結状況、経団連発表）。

この数字を見たとき、町工場の経営者も社員も、「会社の規模も待遇も違うから、大企業と比較してもしょうがない」と考えてしまう。

でも、中小企業だからといって、自分たちを卑下《ひげ》する必要はない。

大手企業に真っ向勝負を挑めばいいのです。

かつてのヒルトップの社員にも、負け犬根性が染みついていました。「大手と中小は違う」と勝手に壁をつくって、勝手に卑屈になっていました。

まだ油まみれになって働いていたときのことです。

昼休みに、汚い工場の食堂で弁当を食べていると、テレビのニュースで、「今年の製造業の平均賞与額は……○○万円です」と紹介されました。

すると、その場に十数人いた社員は、下を向き、目を背け、聞かなかったフリをした。勝負もしていないのに、勝手に「負けた」「自分には関係ない」と、いたたまれない気持ちになったのでしょう。

それを見て、私は悔しくて、何としても負け犬根性を払拭したかった。

「なんで見いひんのや。中小企業だからって、下を向く必要はない。おまえらはヤンキー・暴走族かもしらんけど、能力では大企業の社員にも負けてない！ 大企業のヤッらはみんな同じで、金太郎飴みたいじゃないか。『あいつら、金太郎飴のくせに、どうしてオレらよりもボーナスがいいんだ！』と、怒ったらええやんか！」

「一人あたり利益率」なら堂々と戦える

中小企業にとって一番の処方箋、それは、**自分の存在価値を信じ続ける**ことです。売上では大手に勝てない。けれど、「一人あたり利益率」なら十分勝負できる。

通常、この業界の利益率は平均3〜5%、高くて8%ですが、ヒルトップの利益率は「20〜25%」。大企業を大きく引き離しています。

ヒルトップの企業規模を考えると、京都府内の売上高ランキングに入ることはありません。でも、仮に**「一人あたり利益率ランキング」**があったら上位を狙えます。

「小さい会社にも価値がある。その価値は、大企業以上。アルミ加工の分野では絶対にどこにも負けない……」

そう言い続けた結果、社員が変わり、仕事のしくみが変わり、利益率が変わり、「油まみれの町工場」は「夢工場」に変わったのです。

「本社屋」と「社員食堂」がお金を生む理由

なぜ、本社がピンク色なのか

「中小企業だから本社は質素でいい」という考えは、親会社ばかり見る下請の発想です。優秀な社員を採用し、多くの顧客にもきていただこうと思うなら、本社は非常に重要です。

ヒルトップは、2007年12月に、京都府宇治市の京都フェニックス・パークに新社屋を竣工しました。

建坪600坪、5階建、東側は全面ガラス張り。外観はコーポレートカラーの**「ピンク色」**です。誰も鉄工所だとは思いません。事実、鉄工所を目指して車でこられた方の多くが、通りすぎてしまいます。

本社屋建設の際、社内で「夢工場プロジェクト」を組織しました。毎週水曜日に社員とミーティングをし、理想の工場について一緒に考えてもらいました。そこで出た意見をもとに、いくつかの建設会社にデザイン案を出してもらい、最終的には**社員による投票**で決定しました。

工場内の柱は、1本1本がカラフルに色分けされ、色彩もあざやかです（巻頭口絵参照）。

エレベータの扉は**オレンジ**、工場内には**赤いキャットウォーク（通路）**が走っています。壁をなくしたオフィスの設計は、私のリクエストです（巻頭口絵参照）。

部署ごとに区切ってしまうと、コミュニケーションが悪くなりますが、壁がなければ、揉《も》めごとが起きても、すぐにオフィス全体に伝わります。垣根のないオフィス空間にすることで、社員同士がざっくばらんに話せます。

壁をなくしたオフィス

「社屋はお金を生まないから、そんなものにお金をかけるな。最低限の機能があれば十分だ」

「本社屋にお金をかけるくらいなら、設備投資に回したほうがいい」

と言う社長も多いかもしれませんが、私は**中小企業こそ、本社屋にお金をかけるべき**だと思っています。

なぜなら、**本社屋こそが、「人を育て、顧客を生む」**からです。

経営者の仕事は、**人間が人間らしく働ける環境をいかにつくれるか**に尽きます。

朝から晩まで油まみれの職場では、どれだけいい仕事をしても、社員の自尊心は満たされま

本社最上階にある和室

せん。「地味で暗い」「油まみれで汚い」といった工場のイメージを一新し、

「社員が自分の子どもに自慢できる会社にしたい」

「一緒に働く仲間たちが、仕事の合間に集える場所をつくりたい」

「製造業そのもののステイタスを高めたい」

といった想いから、ヒルトップ本社は、**対話と創造性やイノベーション**を重視した設計となっています。

　製造現場は1階にあり、プログラマーブースからも窓ガラスを通じて見えるようになっていますし、5軸加工機（XYZ軸移動の3軸加工機に、回転軸を2軸付加した加工機械）にもコーポレートカラーが配色され、非常に明るい。

最上階（5階）にある和室のほかに、**筋トレルームや浴室**があって、昼休みや就業後にカラダを鍛えることもできる。

新社屋ができてから、**視察者が激増**しました。現在では、**年間2000名**を超えています。実際に本社を見ていただければ、ヒルトップの面白さと活気が実感できると思います。

社員食堂を見た瞬間、「入社したくなった」と叫んだ就活生

私は「人間の根源欲求である**食欲とモチベーション**との相関関係は高い」と考え、本社で最も見晴らしのいい4階に、カフェテリア風の社員食堂をつくりました。ランチは定食が500円で**半額を会社が負担**しています。

この社員食堂は、『三関王』というテレビ番組（関西の「三大」を紹介する地域発見情報番組／主催：日本ケーブルテレビ連盟近畿支部）でも、**「関西の三大社員食堂」**のひとつとして紹介されました。

かつて、当社の工場が京都府城陽市にあった時代にも、食堂はありましたが、今の食堂

とは雲泥の差があります。

以前は、お弁当屋さんに箱弁（箱形容器に詰めた弁当）を持ってきてもらい、机を並べ、肩を並べ、冷めた弁当を黙々と食べていました。社員同士の会話はなく、聞こえてくるのはテレビの音だけ……。これでは仕事の意欲も湧きません。

社員食堂でのランチは、**社員同士がコミュニケーションを育む「大切な時間」**です。そして、あたたかい食事をしながら、先輩も後輩も新人もベテランも関係なく、コミュニケーションを育む**「大切な空間」**です。どこに座るかも自由です。

社員食堂ができたおかげで、ランチは**「笑顔と会話が絶えない時間」**に変わりました。ステージにカラオケも常備しているので、夜に懇親会を開いたり、社員の結婚式を行ったりしたこともあります。

就活生にも大変人気で、面接にきた学生から、「この社員食堂を見て、ヒルトップに入社したくなった」と言われたこともありました。

社員食堂は単にお腹を満たす場所ではない。「コミュニケーション」「社員の健康管理」「企業のブランド力向上」など、様々な機能を持った**戦略的重要拠点**なのです。

親会社に「生かされている」のではなく、「自分たちで生きる」選択を

絶望的な下請の未来

下請企業の多くは、親会社の発注に依存しています。

親会社の傘の下にいれば安定しますし、独自の商品開発や新規開拓も必要ありません。

でも、下請のままでは、常に親会社の意向を窺《うかが》いながら経営をしなければなりません。

下請の立場は脆弱《ぜいじゃく》で、親会社の動向で業績が左右されますし、発注がゼロになることもあるので経営は常に不安定です。

山本精工時代、私の父も、「お客様(取引先)を大事にせなあかん。親子関係を大事に

せなあかん」と言っていましたが、私は守ったことがありません。

旧態依然《きゅうたいいぜん》とした待ちの姿勢では、行きつく先は「コストダウン」しかない。

発注側は、取引上の優位な地位を利用して、コストダウンや不利な取引条件だけを一方的に押しつけ、下請いじめに走る。これではお先、真っ暗です。

「ジャストインタイム」こそ下請いじめ

様々な日本の大企業（親会社）が採用する**「ジャストインタイム生産方式（以下、ジャストインタイム）」も、下請いじめのひとつ**だと私は考えています。

ジャストインタイムは、「必要なものを、必要なだけ、必要なときにつくる」方式で、製造期間の短縮や在庫削減の有効な手段だと言われています。

しかし、このジャストインタイムが原因で、**多くの下請部品メーカーが苦しんでいます**。

とくに、中小部品メーカーの場合、設備も限られるため、最低限のロットをまとめて生産するので、リードタイムが必要となります。

ところが、ジャストインタイムを導入している親会社は、下請に短納期、小ロット納入を求めてくる。すると、下請は自己責任で在庫を積み上げて対応する。しかも、納入すべき時間は親会社に決められていて、遅くても早くてもいけない。ご存じない方が多いかと思いますが、**時間待ちの部品納入トラックが交通渋滞**を引き起こしていることも多いのです。

理不尽な親会社の要求は突っぱねろ

長年継続してきた下請事業を抜本的に見直すためには、仕事が大幅に減ることを覚悟しないといけません。

私も兄（社長）も弟（専務）も、覚悟しました。

下流工程を請け負うのではなく、企画立案や図面作成などの上流工程までを担い、クライアントをサポートする。そのために**「非下請化」＝「完全自立化」**へ舵を切る。

親会社に「生かされている」のではなく、**強い覚悟を持って「自分たちで生きる」選択**をしたのです。

ヒルトップが現在、リスクを負って、宇宙や医療やロボットといった新ジャンルへ積極的に参入しているのも、加工製造だけでなく、デザイン、マーケティング、コンサルティングまで職種を広げているのも、すべて自社の付加価値を高める（＝自立する）ためです。

私は、親会社（取引先）の顔色を窺ったことはありません。一方的なコストダウンや、上から目線の根拠なき要請には一切従いません。

私がまだ20代の頃、売上の6割を占めるA社から一方的にミスをなすりつけられました。しかし、実際にミスをしたのは取引先の担当者です。断じて私たちではない。なのに担当者は、電話口で「おまえが悪い」と責任を押しつけてきたのです。

「おまえ！」と呼ばれた瞬間、私の頭の中にあったヒューズがブチッと飛び、「今からそっちに行くから、待っとれ!!」と声を荒げていました。

A社との取引中止は覚悟の上です。翌日には、「山本がなんかやりよった」と、業界内の噂になっていました。

また、これとは異なる時期に、売上が5割を占めるB社に乗り込んでいったこともあります。

期日をすぎてもB社からの振込がないので、「どうなっていますか?」と問い合わせると、「不良品があったから、お金は払われへん」という返事でした。

私が「すべての製品に不良品があったわけではありませんよね?」と尋ねても、聞く耳を持ってもらえない。「それはおかしい」と直談判したのですが、相手にしてもらえない。この件も業界で噂になりました。

「山本がまたやりおった。山本精工はやくざみたいな会社や」と。

「どっちが悪いねん」と思いましたが、たとえそう言われても、「親会社の言いなりにはならない」という気概だけは当時からあった気がします。

結局、A社もB社もお金はお支払いいただきましたが、その後の取引はやめました。

1社依存率は30%以下に

現在、当社では、次の2つを考え、特定企業への依存率を意図的に下げています。

1　取引先の分散

1社依存率は、**高くても「30％」**に設定しています。そうすれば、仮にケンカ別れで売上を失っても、持ちこたえられます。1社依存率が50％だと、その取引先を失った途端、即倒産につながります。

2　取引先の新陳代謝

新しい取引先を獲得していく中で従来の取引先を失うのは、ある意味、事業の新陳代謝です。なぜなら、取引先を入れ替えることで、**特定企業に依存しない強い会社**になるからです。ヒルトップでは、**毎年、約100社**が入れ替わっています。

仕事は、双方にメリットがなければいけません。時間の経過とともに、当初あった互いのメリットが、双方、あるいは一方で失われているなら、惰性で取引を続ける必要はありません。

取引先を失うことを恐れるあまり、不利な条件で継続するくらいなら、リスクを負ってでも自立を図る。下請から脱却するためには、いつケンカをしてもつぶれないように、「ゼロから生み出す力」を蓄えておく必要があります。

ウイン・ウインの相手とだけ取引

ヒルトップの営業部長・林新太郎は、「新規顧客の獲得にあたっては、自分たちの将来性を考慮しながら、取引する相手を見つけている」と話しています。

「私たちは、新規顧客の獲得のために展示会に出展することも多いのですが、『展示会で大きなメーカーと知り合いたい』と思っているわけではありません。

小さい会社でも、ベンチャー企業でもかまいません。私たちが探しているのは、『ヒルトップとマッチする会社』『ウイン・ウインの関係になれる相手』。要するに将来性のある相手です。

ヒルトップにとって『よい仕事』とは、単に売上が高い仕事ではありません。『**自分たちのモチベーションが上がる仕事**』『**自分たちのスキルが上がる仕事**』『**会社のビジョンに近づく仕事**』です。

仮に、相手が世界的なメーカーであり、一定の利益が見込めるとしても、『こうしろ、ああしろ』というルールが多いなら、『将来性はない』と判断します。ヒルトップは下請企業ではないからです。

目先の利益にとらわれずに、**『この相手と仕事をすることで、自分たちにも相手にもメリットがあるかどうか**』を見極めるのが営業の仕事だと思います。受注するかしないかの最終的な判断は副社長に委《ゆだ》ねますが、それよりも前段階で、『ヒルトップのビジョンと合致しているか』を判断するのが私たちの役割です」（林）

町工場はあえて「ロングテール戦略」に舵を切れ

「パレートの法則」より「ロングテール戦略」

私は副社長をするかたわら、ご縁があって名古屋工業大学や、大阪大学の非常勤講師をしていて、**「工場長養成塾」**や**「企業内デジタルとナレッジマネジメント」**などの講義を担当していました。

よく知られるマーケティング理論のひとつに、「パレートの法則」（80対20の法則）があります。

パレートの法則とは、

「市場経済の出来事の80％の結果は、20％の要因が影響している」
「企業の利益の80％は、20％の製品（商品）から生まれる」
「売上の80％は全顧客の上位20％が占めている（顧客が１００社あれば、そのうちの20社で売上の80％を占める）」

という法則です。

この法則に則《のっと》れば、80％の利益をもたらしている20％の製品を分析し、この20％に経営資源を集中させるべきで、それ以外の80％の製品に資源を投入するのは間違いです。上位20％の優良顧客に対して、集中的に販売拡大策を取るのが得策となります。

一方、これと対照的なのが、**「ロングテール戦略」**です。

「ロングテール戦略」とは、「アマゾン」のように、**ニッチであまり販売されていない商品を多様に揃えることによって、全体の売上を上げる戦略**です。

全体の売上を「販売数×商品数」としてグラフ化し、販売成績のよいものを左側から順に並べると、あまり売れない商品が右側になだらかに長く伸びます（↓左図）。

ロングテール戦略

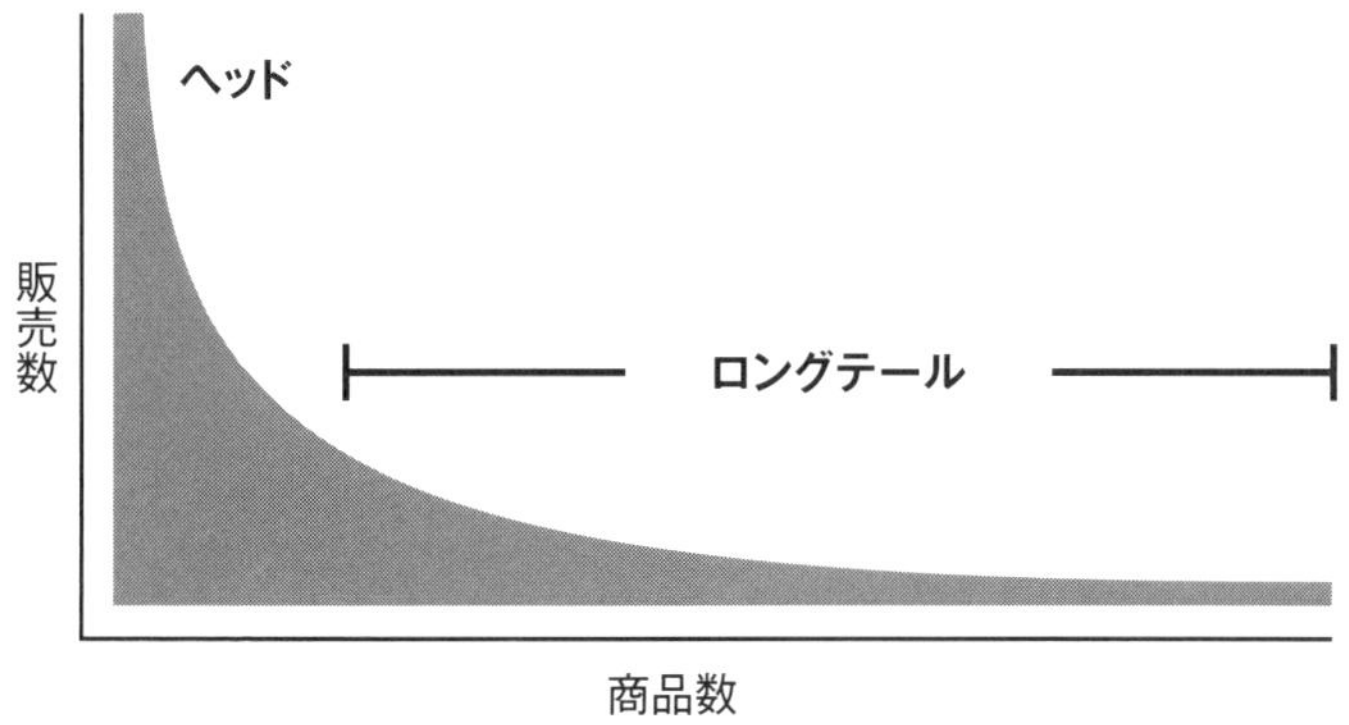

このグラフの形状が恐竜に似て、長いしっぽが続くように見えることから「ロングテール」と名づけられました。

ロングテール戦略には、

「年間、数個しか売れない商品を大量に扱うことで、総数として大きな売上が得られる」

「売上を多数の商品で分散して稼いでいるので、ひとつの商品の売上が凋落《ちょうらく》しても、全体へのダメージは限定的」

「上位商品や特定の顧客に依存しない」

というメリットがあります。

ロングテール戦略を提唱した、アメリカ『WIRED』誌の元編集長、クリス・アンダーソンは、大手書店の「バーンズ&ノーブル」と

「アマゾン」を比較しています。

「バーンズ＆ノーブル」で扱っている書籍は13万種。これに対し、アマゾンは230万種でした。しかも、アマゾンでは、販売ランキング**「13万位以下」の売上が全体の「57％」を占めていた**といいます。

リアル書店では棚のスペースに制限があるので、売上を最大化するには、ベストセラーを陳列するのがこれまでの常識でした。

しかし、アマゾンでは、**年に数冊しか売れない書籍の販売量が、ベストセラーの売上を上回っていた**のです（注・クリス・アンダーソンの計算には間違いがあることも指摘されていますが、ロングテールという現象が実際に起きていることは間違いではありません）。

専門書の単価は高いので、利益率も高い。アマゾンは、インターネットを使って圧倒的に優位なポジションに立ち、ロングテール型ビジネスを確立させました。

仕事の8割が「1個、2個」の受注

ものづくりの世界でも、ロングテール型の例があります。

関西IT戦略会議の「2003年度　関西IT百撰」に選ばれたバネの会社があります。この会社では、基本的に大量生産せず、インターネットを活用して一般顧客から受注。平均受注個数は5個。しかも、バネの基本的な構造設計式も公開して、お客様に設計してもらったバネを製作しています。

また、一度受注したバネはデータベースとして残るので、リピート注文があったときに、すばやく情報を取り出し、生産できます。大量受注、大量生産はしない戦略です。

これからは「パレートの法則に則った従来型の会社」と「ロングテール型の会社」は混在していきますが、ヒルトップは明らかにロングテール型です。

当社では、受発注システムと会計解析システムを使って、リアルタイムに情報を分析していますが、**1個の受注が68%、2個の受注が10・7%。両方合わせて約80%が「1個、2個」の受注**です。これを**無人化してこなすという非常にめずらしい会社**で、取引社数も2018年度末には**3000社**を超える見込です。

これからの製造業は、売れ筋をただ大量生産するだけでなく、**「あの会社にお願いしたら、どんなものでもつくってくれる」と言われる多品種少量生産**への対応が求められているのです。

chapter 2

業界初！24時間無人加工にした「ヒルトップ・システム」の秘密

職人のカンと経験を数値化！「人にしかできないこと」以外、全部捨てる

今なお続く『モダン・タイムス』の世界

チャーリー・チャップリンが監督・主演を務めた映画『モダン・タイムス』がアメリカで初めて公開されたのは、１９３６（昭和11）年でした。

この映画の主人公チャーリーは、近代化された巨大な工場で働いています。工場経営者は、作業場の様子を巨大なモニターで監視しているので、チャーリーはどこへ行っても心身ともに休まる時間がない。

毎日、次々と送られてくる部品に、スパナ両手にネジを締める単調な仕事をしているう

ちに正気を失い、ついには病院へ送られてしまう。

この映画は喜劇ですが、『モダン・タイムス』の世界があながちフィクションだとは言い切れません。

私自身も、かつては自動車部品の大量生産に明け暮れながら、「単純労働やルーティン作業には人間的な喜びがない」ことにイライラしていたからです。

「これが、本当に自分がやるべき仕事? 仕事って何だ? 人間でなくてもできることを一所懸命やっているだけでは? こんなことをしていて俺は満足できるのか?」

「楽しくなければ仕事じゃない。ルーティン作業では楽しめない。人間はもっと創造的な仕事をすべきだ」という思いから、自動車部品の大量生産をやめ、少品種大量生産から多品種少量・単品生産へ切り替えました。

しかし、残念なことに、単品ものの仕事が増えても、それだけでは知的作業にはならなかったのです。リピート注文が入ると、結局は同じことの繰り返しになるからです。

たしかに、単品ものには、大量生産にはない知的な作業があります。でも、単品加工はそれっきりで終わりではなく、数か月に一度、リピート受注がある。すると「前回はどうやったのか?」と、思い出しながら作業することになります。

「一度つくったものだから、前回よりも早く作業できる」かと言えば、必ずしもそうではなく、リピート加工でも、不確かな人間の記憶に頼る作業になるので、結構時間がかかります。


そこで私は、ルーティン作業のムダを徹底して排除しようと決意しました。

「ルーティン作業をプログラム化し、機械に加工させたらどうか。人の技能やノウハウをデータベース化し、社員にはさらにステップアップした知的作業をやってもらおう」

私は、人が知的作業に従事できる「完全無人化の夢工場」をつくるため、職人のカンと経験と技を数値化し、**「必要なときに、誰でも使えるようにしよう」**と考えたのです。

仕事を面白くしたいなら全部捨てる

計算すれば正確な加工ができるのに、にわか職人は自分の感覚に頼り、自分の技術を社内で共有しようとしません。私は、そんなにわか職人に疑問を感じ、**職人技術の定量化**を目指しました。

当時は、家庭用パソコンが普及し始めた頃でした。ある講習会で初めてパソコンに触れた私は、「これを工作機械の自動制御に使えないか」と考えました。

職人技をデータベース化するにあたり、まず、製品ごとに加工工程を細分化して、似ているもの同士を括《くく》って分類しました。

製品を加工する際、職人にはそれぞれ異なる暗黙知（カンと経験によるノウハウ）があります。

ある製品を削るのに、「どの刃物を、どの順番で使って、どのような位置から、どれだけの回転数で、どれぐらいの速さで削るのか」を聞くと、職人ごとに返ってくる答えが違う。つまり、職人によってやり方が違うわけです。

そこで、それぞれの言い分を戦わせながら、**当社の標準データを導き出し、個人の経験に頼ったあいまいな情報をすべて捨て**させました。

標準データを共有して、**「この製品をつくるときは、この刃物を、この順番で、この位置から、この回転数で、このスピードで加工する」**ように決めたのです。

同時に、作業環境をデータベース化しました。工作機械やホルダー、刃物、ボルトなどすべてに認識番号を振って、収納場所と関連づけたのです。

通常、過去の加工品の設計図と使用ツールは保存してありますが、**「どのツールを、どの順番で使ったか」**という情報は残っていません。

でも、私は、作業を再現できるように全データを保存しました。

職人の暗黙知に任せていると、人に仕事がつきます。職人Aさんの仕事は、Aさんでないとできない。でも、データベース化しておけば、リピート注文時に、誰でもできる体制になります。そして、Aさんの能力は新しい仕事で発揮してもらうのです。

●データベース化までの流れ

①加工作業の細分化、分類

……似ている作業を括って分類

②職人への聞き取り

……どのようなやり方で加工をしているのか、各職人に「暗黙知」の聞き取り調査

③職人同士の意見、考えのすり合わせ

……職人のノウハウは各自違うので、言い分を戦わせる

④**当社標準データの作成、保存、共有**

……当社の標準的なやり方を確立し、経験に頼ったあいまいなやり方を捨てる

⑤**作業環境の整理整頓（決まった場所に決まったツールを配置）**

……認識番号を振ってツールと収納場所を関連づける

仕事を楽しみたい、知的作業をしたいなら、**職人としてのノウハウや能力を一度、全部捨てる**べきです。

捨てるとは、**データ化する、企業内にデジタルとして落としていく、マニュアル化する**ことです。

これで各々の負担を軽くできたら、新しい技術を習得する。新しい技術が刺激となり、楽しみながら仕事ができるようになるのです。

24時間無人加工！ 多品種・単品加工の「ヒルトップ・システム」

ヒルトップ史上唯一〝徹底監視〟した1年半

データベース化に約1年を費やし、実際にプログラムをつくって機械に作業させる段階に入ったのですが、ここで社員から大きな反発がありました。

私が「加工中に、機械の前に立ってはいけない」「加工は、すべて機械に任せる」と強く命じたからです。

鉄工所の場合、就業時間の8割が機械の前、2割がデスク作業ですが、私は、おもいきってこの比率を**逆転**させました。
日中はデスクに座ってプログラムをつくりながら機械を稼働させ、社員が帰った夜間も機械は稼働し続けるというしくみにしたのです。

私のモットーは**「絶対に社員を監視しない。尻を叩かない」**ですが、さすがにこのシステムが定着するまでの**約1年半は、徹底監視し、鬼のように命令**し続けました。いわゆる「守・破・離」の「守」の段階でしっかり型をつくるのが大事だと思ったからです。

ただ、この「守」ができた1年半以降は、このモットーを守り続けて現在に至ります。

本当にこの1年半は社員も大変だったでしょうが、私自身も辛かった。


社員に、「このシステムが本当に正しいんだ。絶対に自分たちのためになる。自分たちが仕事を楽しむためには、このやり方が必要なんだ」と知ってもらうためには、実際に体験してもらうしかありません。

ところが、「言うは易《やす》く行うは難《かた》し」。

朝には加工が終わっているはずが、翌朝出社すると、**悲惨な現場**を目にすることが何度もありました。

初期のシステムは、間違ったプログラムを入力すると途中で停止できなかったので、機械に取りつけた刃物が折れていたり、材料を固定する治具などが壊れている。ひどいときには、機械そのものが破損していたのです。

機械の修理にはびっくりするくらいの費用がかかりますし、機械が動かなければ納期に間に合いません。

社員からは、「いいかげん、こんなことはやめたらどうか」と非難の嵐が巻き起こりました。機械に任せず、自分の手で加工し始める社員もいました。

それでも私はあきらめなかった。

失敗による損害以上に、このシステムを導入することによるメリットに手応えを感じていたからです。前述した東京オフィス支社長の静本も私に反発していました。

「自動化が一向に進まず、納期がどんどん遅れていきました。なのに副社長は、『かまへん。そんなんええから、こっちやろう』『そんなん待たせておけ。こっちが大事やねん』

と言い出すわけです。

私は、『こんなことしてて、ええのん?』『こんなことやってたら、会社つぶれるぞ』と心配になり、『もう、今までのやり方に戻しましょう。そのほうが手っ取り早いし、製品もできてくるし売上も上がります』と副社長(当時は工場長)に提案したんです。それなのに副社長の返事は、**『おまえに心配してもらわんでもええわ』**。

正直、『何を!』と腹が立ちましたが、少しずつ自動化が成功するようになり、『やっぱりこの人についていこう』と思い直しました。『ああ、たしかにこのシステムはラクだ』と実感できたからです。当時は、『失敗ばかりして、ムダな時間をすごしている』『こんなことをやっていたら会社はつぶれる』と思っていましたが、結果的に**『こんなことをやったから会社はつぶれなかった』**のです。自動化をあきらめ、従来のやり方に戻っていたら、今のヒルトップはなかったでしょう」(静本)

修理費400万円かけても、最短3日納品を実現

ある朝、出社すると、工場に人だかりができていました。

「何かあったのか」と覗いてみると、**機械が大破**していました。機械の重要なパーツの一部が、ボルトを引きちぎって倒れていたのです。

当時はまだシミュレーションソフトが開発されていなかったため、プログラミングのミスを事前に修正することができませんでした。

修理にかかった費用は**４００万円**。

けれど私は、「うわ～、えげつな。えらいことになってるな～」と言っただけで、プログラムを組んだ社員を非難することはありませんでした。

というより、非難できるわけがありません。

なぜなら、「無人化をやれ」「機械の前に張りつくな」と言った張本人は私だからです。

それなのに私が責任追及したら、誰も2度と機械のボタンを押さないでしょう。

これほど痛い目に遭いながらも、プログラムを何度も修正し、少しずつ精度を上げるうちに、徐々にシステムが軌道に乗り始めました。

リピート注文があったときも、最初に製作したときの段取りを忠実に再現できるので、誰が担当しても、ボタンを押すだけで製品ができるようになったのです。

こんなエピソードがあります。

当社の社員Aが、納期に間に合わせるために、3日3晩かかってある製品をつくり上げました。その製品を急いで品質検査室に預けたのですが、それから3日経ってもまだ検査室に製品が置いてあったのです。Aは怒り出しました。

「急いでつくれ、と言われたからこっちは頑張ったのに、どうしてまだ製品がここにあるんだ！」

検査担当者のBは、すずしい顔をしてこう言い返しました。

「ああ、あれならもう納品したよ。ここにあるのは、リピート注文がきたヤツだから」

どれだけ難しい製品でも、デジタル情報があれば、いとも簡単につくることができます。

リピート注文であれば、**受注から最短3日**で納品できるまでになりました。

こうして、約2年半を要して完成したのが、「ヒルトップ・システム」の原型です。

その後も改善を繰り返し、精度を高めた結果、現在では**入社半年の新入社員でも、ベテラン職人と同じように製品がつくれる**ようになっています。

農学部卒・入社半年社員でもプログラマーになれる

製造部のプログラマー、前出拓《まえでたく》は、近畿大学農学部を卒業し、2017年4月に入社しました。生産工学や機械工学とはまったく縁のない学生でした。

プログラミングを学んだのは、ヒルトップに入社してからです。それでも、製造部に配属されて**わずか2か月でプログラマーとして自立**しています。

「先輩から、『入社して3か月もすれば、誰でもプログラムが組めるようになるよ』と言われていましたが、『絶対に、嘘だ』と思っていたんです。

でも、実際に先輩の言うとおりでした。

プログラマーとしてまだ2か月ですが、すでにいろいろなユーザーさんの『1点もの』のプログラムを任せてもらっています。

農学部出身の僕でもプログラマーになれたのは『ヒルトップ・システム』のおかげです。削りたい面の画面をタッチして刃物を選ぶだけなので、ゲーム感覚、パズル感覚で簡単にプログラムをつくれます。

従来の切削加工だと、切削速度、回転数、送り量といった条件がわからないと削れませんでしたが、『ヒルトップ・システム』なら、刃物を選択するだけでソフトが数値を決めてくれるので、私でも十分にものづくりができるのです」（前出）

入社半年の社員でもディズニー、NASAのプログラムが組めるわけ

移動先でも、機械の状況がわかるしくみ

一般的な工場では、社員は「作業員」や「職人」と呼ばれますが、当社では「プログラマー」と呼ばれています。

プログラマーが、昼間に加工手順を機械に命令するプログラムを設定し、機械に材料をセット。機械は24時間、無人で動き続けます。

プログラマーは、クライアントからの平面図面（２Ｄ）を立体的な図面（３Ｄ）に変換。ノウハウはすべて数値化されているので、ゲーム感覚でどの刃物を使ってどの面を加工す

るかをタッチ（指定）すればいいのです。
その刃物の最適な加工条件（回転数やスピードなど）はあらかじめ設定されているので、加工条件をまったく知らない入社半年の新人社員でもプログラムが組める。**最低2週間**あれば、文系出身でも簡単なプログラムを組めるようになります。

プログラムが終了したら、加工開始前にコンピュータ内のシミュレーションソフトで安全確認を行い、不具合や改良点を探します。

機械内部が忠実に再現されているため、プログラムに不具合があって刃物と機械や構造物がぶつかった場合は「エラー」と表示されます。エラーの表示がゼロならば、安全なプログラムと言えます。後は機械を動かすだけです。当社には、パレット40面にツール240本を備えた最新の機械があり、**稼働状況は移動先からも確認**できます。

通常の町工場では、加工機の前に人が張りつくため、機械の色は目にやさしいとされる「緑」や「青」などでしょう。

しかし、ヒルトップは違います。

無人加工のため、何色でもいい。だから、製造業の暗いイメージを払拭しようと、コーポレートカラーの**「ピンク色」**にしたのです（巻頭口絵参照）。

「ディズニー」「NASA」「Uber」が顧客

ヒルトップは、2013年10月にアメリカ（カリフォルニア）に進出し、現地法人を立ち上げました。アメリカのオフィスがオープンしたのは2014年4月。現在、**倍々ゲームで売上も伸びて**います。

すでに全米660社以上から注文があり、**約3年半で黒字転換**しました。アメリカでも大量生産はありません。単品ものです。

最初の顧客は、**ウォルト・ディズニー・カンパニー**。続いて、**NASA**（アメリカ航空宇宙局）でした。

現在でも、ウォルト・ディズニー・カンパニーは、**ヒルトップアメリカ法人の売上トップ5**に入っています。

テスラに次ぐ2番手の電気自動車（EV）メーカーの**ルシッド・モータース**や、自動車配車サービス「Uber《ウーバー》」を運営する**ウーバー・テクノロジーズ**も当社の顧客です。
アメリカに進出するとき、日本の大手企業のサプライヤーとして行くつもりはまったくありませんでした。ですから、**自分たちで進出する場所を決め、自分たちで顧客を選んで**います。

現地にもプログラマーはいますが、日本のプログラマーがデータをつくり、そのデータをアメリカに送って現地で加工することも多く、まるで**「アメリカにコピー機がある」ような感覚**です。

ルーティン作業は「機械」、企画開発は「人」

会社内の標準化、合理化、デジタル化、コンピュータ化は、人を阻害しません。
人に「新しく創造する時間」を与えます。

ルーティン作業は徹底的に機械に任せる。日常の雑務はコンピュータに置き換える。私にとって、工作機械はプリンタやコピー機と一緒で、いわゆる出力装置にすぎません。

主役である「人」は、開発や企画、設計といった上流の仕事をする。「ヒルトップ・システム」は、人間から仕事を取り上げるものではなく、**「人が、人にしかできない仕事に移行する」ためのシステム**なのです。

「ヒルトップ・システム」を開発した最大の目的は、**「ルーティン作業と知的作業を区別する」**ことです。現在の当社は、ルーティン作業から完全に解放され、社員たちが知的作業に集中できています。

「はじめチョロチョロ、中パッパ」パナソニックのおそるべき科学的分析集団〝ライスレディ〟

いつでも誰でも、同じ環境を再現せよ

自分以外の人が運転する車やタクシーに乗ったとき、「車間距離が短くて怖いな」と感じたことがあるでしょう。

このとき、「怖い思いをするくらいなら、自分で運転したほうがいい」と思うように、にわか職人の多くが、「自分のやり方しか安心できない」「自分には自分のやり方があるから人のやり方はマネできない」と思います。これは、情報の欠如が原因です。

職人の仕事の欠点は、「人につく」ことです。ある仕事をAさんが担当すると、それはAさんのものになる。リピート注文があってもAさんが加工し、他の職人は引き継ぎません。

「どうやってつくったのか」を知っているのはAさんだけ。加工情報が残されていないため、Aさん以外の人では再現ができない。

では、当のAさんなら同じ仕事を再現できるかと言えば、必ずしもそうではない。前回の作業を忘れていたり、図面を探すのに時間がかかったりする。覚えているのは、たしかに自分がやったという事実だけで、どんな加工環境だったかまでは、覚えていないのです。

結局、いくら探しても図面が見つからないと、「一からつくったほうがいい」「もう一度加工のやり方を考えよう」と言い出す……。

製品ができたときの加工環境さえ再現できれば、一から考え直す必要もありません。

「刃物の突き出し量はこれくらいで、ホルダーをどれにして、材料はこのサイズで、バイス（材料を固定する治具）の位置はどこで……」と**同じ環境を再現できれば、いつでも誰でも同じものをつくれる**ようになります。

それなのに、にわか職人の多くは、自分の仕事を「だいたい」で考える。「だいたい、このへんに刃物を当てればいい」「だいたい、これくらいの感じで削ればええやろう」「敷板も、だいたいこれくらいでええんちゃうか」と、感覚的、経験的です。

多くの中小企業では、どのように加工するかは、「職人に属したデータだから」「それこそが職人技の要諦《ようてい》だから」と、仕事を人につけたままにしています。そのために、情報が共有されず、加工環境を再現できないのです。

おいしいごはんは「はじめチョロチョロ、中パッパ」

釜でごはんを炊くと、人によって、あるいはその日の気温によって、お米が固くなったり柔らかくなったりします。

しかし、炊飯器を使って指示どおりに米と水を入れてスイッチを押せば、**誰にでも、いつでも、同じように**おいしいごはんが炊けます。

「ヒルトップ・システム」の基本概念は、**「おいしいごはんをどう炊くか」**と同じです。

炊飯器を使えば、いつでもおいしいごはんが炊けるように、職人のノウハウをデジタル化すれば、いつでも、誰にでも、同じ製品がつくれます。

炊飯器がなかった時代、かまど炊きごはんの火加減は、口承《こうしょう》のひとつとして、**「はじめチョロチョロ、中パッパ、赤子《あかご》泣いてもフタとるな」**と受け継がれてきました（「はじめチョロチョロ、中パッパ、ブツブツいう頃火を引いて、ひと握りのわら燃やし、赤子泣いてもフタとるな」など、地域によっていろいろな言われ方があるようです）。

「はじめは余熱でムラなくお米に水分を吸収させ、その後、一気に強火にして沸騰《ふっとう》させる。火加減を調節して沸騰を維持しながら炊き上げ、火を止める直前に『ひと握りのわら』を入れて燃やして余分な水分を追い出し、ごはんが水っぽくなるのを防ぐ。火を止めてからも、すぐにふたを取るのではなく、高温でしっかりと蒸らす」というごはんの炊き方は、五感や感覚に頼っているため、味にムラができやすい。また、始終、火加減を気にしなければいけないので、手間がかかります。

〝ライスレディ〟とマイコン炊飯器革命

この手間をなくしたのが、マイコン炊飯器です。

私が20代のとき、パナソニック（旧松下電器産業）の炊飯器開発チームの講演を聞いたことがあります。

「20人の女子職員にひとり2台ずつお釜を渡し、1日4回、全員がごはんを炊く。すると、ひとり8台分、20人で1６０台分のごはんが炊き上がる。この作業を半年間繰り返し、色、粘り、甘み、艶《つや》といった定性的なデータ（主観的なデータ）を分析して、『最もおいしいごはん』を**数値化**した。その結果、スイッチを押すだけで、誰が炊いてもおいしくごはんが炊けるようになった」

という趣旨でしたが、パナソニックには、現在も、**「ライスレディ」という女性だけの炊飯器調理ソフト開発チーム**があります。

彼女たちは、「はじめチョロチョロ、中パッパ、赤子泣いてもフタとるな」を**科学的に分析する専門家集団**です。日々ごはんを炊き、試食しながら、炊き方のプログラムをつくっています。

「炊飯器1機種につき、約3トンのごはんを炊いて、そのデータを綿密に分析する」

「ひとりが炊飯器を2台抱えて、1日に5、6回炊くので1日3合は軽く試食する」

ということです。

そして、色、粘り、甘み、艶、口の中でのほぐれ具合、冷めたときのおいしさなど、**数値で表せない要素まで定量化**して、プログラムに落とし込んでいます。

マイコン炊飯器が登場したことで、主婦は「ごはんを炊く」というルーティン作業に時間を取られることがなくなりました。

マイコン炊飯器の登場は、主婦のライフスタイルを変えるほど、画期的だったのです。

マクドナルドで一筋の光!本当の合理化とは「ジャマくさい」を一瞬で終わらせること

危機を救ったマクドナルドの数値化モデル

パナソニック炊飯器開発チームの講演後、私は悶々《もんもん》としていました。

「マイコン炊飯器によって、主婦が『ごはんを炊く』という作業から解放されたように、鉄工所も、非効率的なルーティン作業から解放されるべきだ。だが、どうしていいかわからない……」

これが本音でした。

そんな中、一筋の光が見えてきました。あのマクドナルドです。

マクドナルドには、**「QSC&V」**という原則があります。

QはQuality（品質）、ＳはService（サービス）、ＣはCleanliness（清潔さ）、ＶはValue（価値）。

「ＱＳＣ」を最初に提唱したのは、アメリカ初のハンバーガーチェーン「マクドナルド・システム」を創立したレイ・Ａ・クロックです。

１９５５年に「ＱＳＣ」を実践するためのオペレーション・マニュアルが作成されたことで、マクドナルドに入ったばかりのアルバイトでも、おいしいハンバーガーが焼けます。

バンズ（パン）やビーフパティの重量、顧客の手に渡るまでの時間などを制御し、人の技能差に頼らないしくみを構築しています。

「ビッグマック」のビーフパティは、**「マイナス20℃」**の冷凍庫の中で保管され、冷凍状態からグリルで一気に両面を加熱。**「38秒」**で焼き上がり、塩とコショウだけで味つけ。焼き上がったパティは**「85℃」**に設定されたキャビネットで**「15分間」**保温管理されているといいます。

私もこれを参考に、マニュアルをつくろうとしました。まず、**加工環境を確実に再現できる情報のデータベース化**を進めました。

会社の中のありとあらゆるもの、刃物やボルト1本に至るまで**番号づけ**して、**すべてに細かく「番地」**をつけたのです。

次に、職人一人ひとりがバラバラに持っていた機械セッティングやプログラミングのノウハウを全部吐き出させて、**統一基準となる標準値**を定めました。

このプロセスで様々な試行錯誤があったものの、過去に受注済の仕事は、夜間や休日のうちに機械が勝手に加工してくれる画期的な「ヒルトップ・システム」が出来上がったのです。

ジャマくさいことは一瞬で終わらせよう

17世紀フランスの思想家パスカルは、代表作『パンセ』(中央公論新社)の中でこう言っています。

「人間はひとくきの葦《あし》にすぎない。自然のなかで最も弱いものである。だが、それは考える葦である」

人間は葦のように弱くて、小さくて、儚《はかな》い存在だけれど、その弱い葦は「考えることができる葦」です。

人間の強さ、偉大さは**考える**ことにあります。

考えることをやめたら、人間の価値はどんどん下がってしまう。頭で考えず、身体だけ動かすような「マンネリ」「惰性」の単純作業を繰り返している限り、「考える葦」にはなれません。

ルーティン作業をやるために人間がいるわけではない。

私にとって、ルーティン作業は最も忌み嫌うジャマくさいものです。

と言っても、ルーティン作業をゼロにはできない。ルーティン作業が利益を生むこともあります。

それでも、考えて考えて考えて、毎日考え続けて、

「ジャマくささをひとつでも取り除き、わずかでもいいから知的作業を残していく」

「ジャマくさいことは、一瞬で終わらせる」

「ジャマくさいことをギュッと圧縮してしまう」

ことが私にとっての**「合理化」**なのです。

鉄工所に芸術家やデザイナーがいてもいいじゃないか

「ものづくりをしない製造業」が生まれる!?

町工場に、完成品（見本となる製品）を見せ、「この製品と同じものをつくってほしいのですが、できますか？」と訊くと、たいていは「できる」と前向きな返事が返ってきます。

しかし、「では、お願いします」と完成品だけを置いていこうとすると、途端に顔色が曇る。「いやいや、これを置いていかれても困ります。図面をください」と。

町工場の多くは、図面があるものはつくれるけれど、図面がないものはつくれないので、完成品より図面をほしがります。

しかし、ヒルトップは違います。

図面も完成品も、どちらもいりません。

「こんな感じのものがつくりたい」「こんなことを考えている」「もっと、こうなってほしい」というイメージだけで十分です。ヒルトップは、依頼されたものだけでなく、みずからが知恵を出しながら、新しいものを創造する。我々が目指しているのは、**「サポーティング・インダストリー」**であり、自立した会社として、脱下請・脱価格競争を推進することです。

製造業の最終目的は「ものをつくること」ではありません。

これからの製造業は**「製造サービス業」**でないと生き残れません。なぜなら、**「ものづくりをしない製造業」**が生まれる可能性があるからです。

ヒルトップでは、お客様の困りごとを解決するため、オーダーメイドの商品開発を展開しています。**上流（ヒアリング・構想デザイン）から、下流（稼働・アフターケア）まで**

全工程にわたってすべて対応する、極めてめずらしい鉄工所なのです。

当社に装置開発事業部を設置したのは、２０１０年４月。きっかけは、２００８年９月に起きたリーマン・ショックでした。

リーマン・ショック後の不況によって大幅に受注が冷え込んだとき、「時間がふんだんにある今こそ攻めるべきではないか」と判断。社員からも、様々なアイデアがあふれ出ました。装置開発事業部を立ち上げた結果、**加工業者から開発メーカーへの転換**を図ることができたのです。

開発部長の谷口は、「ヒルトップという枠の中には、『加工製造』だけでなく、いろいろな機能が入っている。それが他社との違いであり、当社の強みである」とし、次のように言っています。

「デザインも設計も組立も自社でできる。部品単体でもつくれるし、装置もつくれる。世の中にないものや、ワンオフ（ある目的のために製作された専用機）にも対応できる。トータルでソリューションを提供できる、うちのような鉄工所は、非常に稀有《けう》な存在だと思います。ヒルトップがお客様から重宝されているのは、どんな課題に対しても、『何らかの答えを出せる』からではないでしょうか」（谷口）

鉄工所こそ感性の時代

以前、京都試作ネット（https://www.kyoto-shisaku.com/）の構成企業だった川並鉄工株式会社は、１９０４年創業の鉄工所です。鉄工所でありながら、精密部品加工で培《つちか》った先端の切削加工技術をデザインに応用し、金属を用いて新しい表現を提案するデザインプロジェクト「ＭＥＴＡＬＳＰＩＣＥ（メタルスパイス）」を展開しています。

「森精機」が主催する「第４回切削加工ドリームコンテスト」に出展した作品、「ＪＡＣＫＥＴ（ジャケット）」は、リアルに再現されたその質感が評価され、**金賞**を受賞しました。

「京都センチュリーホテル」のメインダイニング「カサネ」には、デザイナーとデジタルクリエイターと鉄工所がコラボしたアート作品「一重《ひとえ》白《しろ》彼岸《ひがん》枝垂桜《しだれざくら》」（円山《まるやま》公園の枝垂桜がモチーフ）が展示されています。この作品の加工を担当したのが、川並鉄工なのです。

川並宏造《かわなみこうぞう》社長は、もともと芸術家タイプ。書道家としての顔も持っていましたが、「ドリームコンテスト」エントリー以前は、「芸術と鉄工は別、趣味と仕事は別」と切り離して考えていました。

しかし、複雑なオブジェや金属デザインパネルといった造形デザイン製作に踏み切ったことで、川並鉄工は新しい方向へと舵を切ることができました。

2010年には、大判デザイン金属パネル「刻鈑《こくはん》」を開発。デジタル写真や画像を薄板金属板上面に削り出す新しい手法で、その製法は特許を取得しています。

川並社長と同じように、私も**これからの鉄工所には感性が必要**だと考えています。**鉄工所に芸術家やデザイナーがいてもいい**。

そういう思いから、ヒルトップは鉄工所でありながら、どこにも負けないデザイン力を持っています。

ヒルトップには**「Foo's Lab」**(フーズラボ、左ページ写真参照)があります。

このラボは、まだ世の中にないアイデアやプロダクトを生み出していくためのクリエイティブ・スペース(試作開発ラボ)です。ここで、自社内でのプロジェクトやお客様のア

イデアを形にするサポートをしています。

「フーズラボ」には、様々なアイデアをその場で形にできるデジタルファブリケーションマシン（コンピュータと接続された工作機械によって、デジタルデータを木材、アクリルなどの素材から切り出し、成形する機械）や工作ツールが揃っています。

企業イメージやブランドをデザインによって具現化・視覚化し発信。プロダクトデザインに関しては、製品の外観デザインや3Dモデリング、CGを活用したカラーイメージを提案するなど、トータルプロデュースしています。

名刺制作などのデザイニング、ウェブプロ

同時5軸加工技術を駆使した
展示会用サンプル

モーション・制作、製品紹介などのCGムービーの制作、社内外で使用する資料や販促物の制作などトータルブランディングも手がけているのです。

chapter 3

社員みずから動きだす！モチベーションが自動的に上がる方法

なぜ、生産性が落ちても、ジョブ・ローテーションをするのか？

ジョブ・ローテーションを行う3つの理由

当社では、頻繁にジョブ・ローテーション（多くの業務を経験できるように定期的に人事異動させるしくみ）を行っています。

小学校、中学校、高校でクラス替え（席替え）をするのは、「新しい環境に身を置くことで、人間関係や学力、能力を磨くチャンスになる」からではないでしょうか。

会社も同じです。

人と仕事を入れ替えることで、社員も会社も成長し、活性化します。

ジョブ・ローテーションは「最短1年」です。

本人の希望を反映した制度で、オペレーターで採用されても、将来的にはプログラマーやフライス加工（フライスと呼ばれる回転工具で行う切削加工）を経験できます。

ジョブ・ローテーションを行わずに同じ仕事を継続すれば、社員の習熟度が向上するため、生産性が上がります。

反対に、ジョブ・ローテーションを行うと、「新しい仕事」を一から覚えなければいけないため、生産性や効率が下がります。

しかし私は、**生産性や効率が下がったとしても、ジョブ・ローテーションを行ったほうがいい**と考えています。

その理由は、次の「3つ」です。

●ジョブ・ローテーションを行う3つの理由

①モチベーションの低下を防ぐ
②社内にノウハウ、ナレッジが蓄積される
③社員の「引き出し」が増える

①モチベーションの低下を防ぐ

効率とモチベーションは、「正比例」の関係にあるとは限りません。それどころか、**効率がよくなるほど、モチベーションは下がる**ことがあります。

効率が上がって鼻歌交じりで仕事ができるようになると、向上心が満たされなくなって、その人間のモチベーションが下がり始めます。モチベーションが下がった人間をずっと同じ部署に置いておくと、根が生えてしまい、チャレンジする気持ちが失われます。

したがって、効率とモチベーションを天秤《てんびん》にかけ、「モチベーションを重視した人材配置」を行うのが当社の方針です。

「ジョブ・ローテーションをかけると、効率、能率が落ちるからやりたくない」と考える経営者もいますが、**効率や能率が落ちても、私は迷わずモチベーションを選び**ます。

当社の南麻美《みなみあさみ》は、かつてプログラマーをしていましたが、プログラミングのスキルが熟達した結果として、モチベーションが下がっていました。

そこでジョブ・ローテーションを行いました。現在は、ヒルトップの広報・プロモーションを担当していますが、南はこう話しています。

「今まで、『プログラマーとして成長したい』『プログラムがうまく組めるようになりたい』という意欲を持って仕事に取り組んできましたが、経験を積み、『難しい図面をもらっても、頭を使わずにできる』ようになったとき、『この先、どこを目指せばいいのか』がわからなくなってしまったんです。自分の中では、完全にモチベーションが下がっていました。

そんなとき、声をかけてくれたのが、山本勇輝（現アメリカ法人CEO）です。山本は、私が迷っていることに気がついていたのでしょうね。

さりげなく、『おまえ、イラストレーターとかフォトショップに興味ない？　絵を描くの好きなんやろう？　だったら、ちょっとやってみいひん？』と救いの手を差し伸べてくれました。ジョブ・ローテーションをすれば、最初は失敗ばかりで苦労をします。でも、『新しい仕事』にチャレンジできるので、モチベーションは上がりますね」（南）

② 社内にノウハウ、ナレッジが蓄積される

ジョブ・ローテーションを行うと、社内にスキル、情報、ノウハウが溜まります。

私は、**「人間のキャパシティには限度がある」**と考えています。古いものをいつまでも

残していると、新しいものを入れる余地がありません。ですから、新しいものを入れるためには、古いものを捨てなければならないのです。

新しい仕事を覚えるためには、今までのノウハウを手放す必要があります。

「自分の持っているノウハウ、ナレッジ、経験値」を手放すと、その分、自分のキャパシティが広がるため、新しい経験を積むことができます。そして、**手放すノウハウ、ナレッジ、経験値をデータ化して残しておけば、社員の誰もが使える**ようになります。

③社員の「引き出し」が増える

多くの仕事を経験することで、自分の「引き出し」を増やすことができます。「引き出し」が増えると、ひとつの事柄に対して、様々な角度から検討できるので、ひとつの考え方に執着しない広い視野が身につきます。

当社の営業担当は、現場でプログラマーをやった人間であり、ほとんどの現場仕事ができるセールスエンジニアです。ですから、クライアントとの商談において、的確なソリューションを提案することができます。

売上が落ちてもいいから残業時間を減らせ

開発の「か」の字も知らない元ヤンキー・暴走族を開発部長に

当社の開発部長・谷口光宏は、かつて製造部の責任者でした。

2010年3月、「あと2週間もすれば、製造部に新卒社員が入社してくる」というタイミングで、私は谷口を呼んでこう言いました。

「今日から開発部長な」

「開発部」という部署はまだ存在もしていないのに、私は開発部長に谷口を任命したのです。

谷口「ボス（谷口は私のことを『ボス』と呼びます）、開発なんてしたことがありません。電球がどうして点灯するのかもわからないんですよ」

私「大丈夫、やれる、やれる。今まで、いろいろやってきたやろ。知恵を使ってきてるやろ。大丈夫、やれるから」

谷口「もうすぐ新卒も入ってくるし、今は忙しいので無理です」

私「無理？　忙しいのは『それは自分の仕事だ』と決めつけて、抱え込んでいるからやろ」

私が彼を製造部から開発部に異動させたのは、彼が「職人になりかかっている」と危惧《きぐ》したからです。

私が谷口に、「次の世代にノウハウを渡せ」と言ったとき、彼が「イヤです」と答えたことがありました。

このとき、「ははあ、こいつ、職人になろうと思ってるな」と彼の腹の中が読めた私は、天狗になっている谷口の鼻を折ることにした。そして、ジョブ・ローテーションをかけたのです。

谷口は、突然の異動に戸惑い、「この会社は、もう自分に用がないんや」としばらくはやさぐれていたのですが、彼は今、イキイキと開発の仕事に取り組んでいます。そして会社に感謝をしている。なぜなら、あのまま「職人気質」を発揮し続けていたら、本当に自分の居場所がなくなっていたことに気づいたからです。

社員を追い込んでしまった痛恨のミス

以前、ジョブ・ローテーションを3年間、かけなかったことがあります。その結果、会社の売上は上がったのですが、このとき、私は痛恨のミスを犯しました。

「売上も上がっているし、社員も楽しみながら仕事をしている」と勘違いしてしまった。「数字を追いかけない」と言っておきながら、「来期の目標はこれくらいだから」と数字を口にし、**社員を追い込んでいた**のです。

実際には、残業時間が大幅に増えていて、売上が上がるほど、社員は疲弊していきました。その事実に驚いた私は、すぐに、次のような指示を出しました。

「アメリカからの受注も、国内の受注も制限して、**目標設定を下方修正**しよう。**売上が落ちてもいいから、残業時間を減らす**ことを最優先に考えよう。
また、社員の負担を減らし、ルーティン作業に時間を割かなくてもいいように、人員を増強する。ジョブ・ローテーションも行う」

そして、中途採用、第二新卒、パート・アルバイトを「2か月で20人」採用して仕事を分担した結果、残業時間は一気に減りました。

ジョブ・ローテーションを常態化する意図は、現状を否定させるためです。

同じ仕事をこなすようになると、現状に慣れが生じ、課題が見えなくなります。イマジネーションは、現状肯定の中からは決して生まれません。

モチベーションが先、生産性は後!
監視・管理で尻を叩いても、
社員のモチベーションは上がらない

どうしたらやる気はアップするのか?

1950年代後半に、アメリカの心理学・経営学者、ダグラス・マグレガー(マクレガー)は、人間のタイプやモチベーションの抱《いだ》き方について、対照的な2つの理論を提唱しました。

それが、「X《エックス》理論」と「Y《ワイ》理論」です。

●マグレガーのX理論・Y理論

◉X理論

「人間は、生来《せいらい》、怠け者である」とする「性悪説」的な考え方に基づく。

「人間は仕事をするのが嫌いであり、強制や命令がないと働かない」ととらえる。

こうしたタイプのモチベーションを上げるには、「アメとムチ」を使い分ける。

頑張った人には目に見える「ご褒美」を与え、頑張っていない人には「罰」を与えると宣言することで、やる気をアップさせられる。

◉Y理論

「魅力ある目標と責任を与えれば、人は積極的に動く」とする「性善説」的な考え方に基づく。

人は進んで仕事をしたがるものであり、目標達成のためなら努力を惜しまない。生まれながらに「仕事が嫌い」なのではなく、条件次第で責任を受け入れ、みずから進んで責任を取ろうとする。

こうしたタイプには、「適切な環境を用意し、目標と責任を与えること」が、有効なモチベーションアップ法になる。

マグレガーは、著書『新版　企業の人間的側面』（産業能率大学出版部）の中で、権限行使と命令統制によるX理論の経営手法を批判し、自律性と自主性を重んじるY理論に基づいた経営が望ましいと主張しています。

マグレガーの理論に対しては、
「現実社会の中では、必ずしもY理論は万能ではない」
「この2種類のどちらかに明確に分類することは難しい」
「実際には、両極端のXとYを結ぶ範囲のどこかにすべての人が位置している」
といった懐疑的な意見もありますが、私はマグレガーと同じで、基本的には「X理論」でのモチベーションアップには、反対です。

当社が「ヒルトップ・システム」を導入した当初のように、改革の初期段階では、「鬼のように見張る」ことも必要ですが、それは限定的な措置であって、日常的なマネジメントではないと考えています。

監視・管理をして尻を叩いても、モチベーションは上がりません。

ただし、結果はすぐ出ませんし、ものすごく時間がかかります。まさに我慢比べです。私が最終的に行きついた答えは、「モチベーションを上げるには、社員のやりたいことを自由にやらせるのが一番」だということです。

人間にはそもそも知的好奇心と向上心があります。人間は本来、自己実現のためにみずから行動し、進んで問題解決をすることができるはずです。

モチベーションが先、生産性は後

昨今、働き方改革の声とともに、「生産性」について取り上げられることが多くなりました。

けれど私は、社員に向かって、「生産性を上げろ」と言ったことはありません。「効率を上げて、生産性を高め、早く結果を出せ！」という無理難題は、社員を疲弊させるだけです。

上げるのは、生産性ではなく、モチベーションです。

社員のモチベーションを上げれば、自動的に生産性も上がります。

モチベーションが先で、生産性は後、です。

モチベーションを高めるには、少しくらい効率が悪くても、少しくらい生産性が落ちてもいいから、**「知的作業」を確保**しておくことが大切です。なぜなら、自主的に取り組む知的作業と、リピート受注のルーティン作業では、前者のほうが喜びを感じるからです。

仕事は、「5-4-3のダブルプレー」

ヒルトップで営業と製造が対立しない理由

「営業部門と製造部門の仲の悪さ」は、どこの会社にもあることです。両者は仕事上、切っても切れない関係ですが、時として深い溝ができ、トラブルが勃発《ぼっぱつ》することがあります。対立が起きるのは、相手のことを考えていないからです。

●営業と製造のよくある対立

製造「こんなにクソ安い仕事を取ってきたんか。しかも、こんな短い納期でできるわけないやろ」

営業「そうやけどおまえ、イマドキ、こんなご時世なんやから、安い仕事でもやらなけ

れば しゃあないやろう」

ですが、ヒルトップには、製造や営業といった部門間の隔たりがありません。ヒルトップに営業と製造の対立がないのは、

・ジョブ・ローテーションを行っているので、営業が製造の現場を理解している
・朝礼や全体ミーティングを行って、何か問題がある場合は、その都度、話し合う
・垣根《かきね》のない円形のオフィスや各フロアに設置した通信システムなど、連係プレーを生み出すしくみがある

からです。

会社は野球チームそのもの

私は、当社の社員のことを「従業員」と呼びません。

「従業員」という言葉は「業《ごう》に従う人」と書きます。つまり、業務に従わせる構成員の略称が、「従業員」です。

けれど、社員は、業務に支配されているわけではありません。

私が社員に対して、「会社に従いなさい」「業務指示に従いなさい」と強制しないのは、私自身もこの会社の社員であり、**「社員はみんな、同じ立場」**だと思っているからです。

「会社は、野球のチームに似ている」。これが私の持論です。

「社長＝監督、経営幹部＝コーチ、社員＝選手」です。

そして、お客様が打ったボール（お客様からの発注）を連係プレーで処理するのが、仕事です。

ワンプレーで2つのアウトを奪う「ゲッツー」（ダブルプレー）には、あざやかなコンビネーションと華麗なテクニックがあります。

「相手の投げやすい位置に投げる」「相手の捕りやすい球を投げる」という意識がなければゲッツーは完成しません。

仕事にも、コンビネーションと連係プレーが必要です。

「自分の担当が終われば、それで終わり」「与えられた業務だけをやればいい」と個人プレーに走るのではなく、「チーム全体」のことを考えて仕事をすることが大切です。

「次工程」で仕事をする人の立場と気持ちを想像しながら仕事をする。

次の人が仕事をしやすいように考えて仕事をする。

その結果、流れるような「5－4－3のダブルプレー」(5…サード/4…セカンド/3…ファースト)が完成するのです。

社員のモチベーションを維持する「5％理論」

5％だけでもいいから、楽しいことをやる

「流れる水は腐らず」という、ことわざがあります。

水たまりの水や流れがなく淀《よど》んでいる水は、腐りやすい。一方で、流れている水は、腐ることがない。転じて、

「常に動いているものは、停滞することがない」

「絶えず動いているものは、状態が悪くなることはない」

といった意味です。

私は、会社も「水」と同じで、**「動いていないと腐ってしまう」**と考えています。
経営における「動いていない状態」とは、ルーティン作業でがんじがらめになっていて、「新しい変化」がない状態のことです。

経営には変化が必要です。とはいえ、会社が大きくなると、一度に大きな変化を起こすことはできません。私はかつて、売上の8割を捨ててまで、「楽しい仕事(＝知的作業)」へと舵を切りましたが、今のヒルトップで当時のように売上の8割を手放したら、すぐに立ち行かなくなります。

ルーティン作業ばかりでは、会社が腐ってしまう。
新しいことばかりでも、会社が倒産してしまう。

したがって、現在では、
「会社が腐らないように、**『5%』だけでもいいから、楽しいこと、新しいこと**をやっていこう」
「人材育成と要素技術の蓄積として、**売上高の約5%をユーザーのニーズと関係のない製作費**にあてていこう」

と考えています。

利益よりも「人」を見ている会社

私はこの「『5%』**だけでもいいから、楽しいことをやる**」**という考え方を**、「**5%理論**」と呼んでいます。

桶《おけ》いっぱいに入った水は、かき混ぜるのが正しい。かき混ぜないとしたら、それは、経営者が利益や親会社だけを見ているからです。かき混ぜない会社の社員は、やがて停滞し、腐ってしまうでしょう。

一方で、**利益よりも「人」を見ている会社**は、「利益にならない」ことをわかったうえで、そして、「**すぐに成果は出ない**」**ことをわかったうえで**「**5%理論**」**を実践**します。

たとえわずかでも、知的作業を残しておかなければ、社員のモチベーションは上がらないからです。

chapter 4

初公開！ どんな社員でも入社半年で一人前になる育て方

理解と寛容《かんよう》を以《もっ》て人を育てる

座して半畳、寝て一畳

私の座右の銘は、

「座《ざ》して半畳《はんじょう》、寝《ね》て一畳《いちじょう》」（起きて半畳、寝て一畳）

です。

「人間の生活に必要な面積は、座れば、せいぜい畳半畳分、寝ても、畳一畳分の大きさでしかない。人間が生きていくのに、それほど多くのものはいらない」

という戒《いまし》めの言葉ですが、私は、この格言を次のように解釈しています。

「どんなに立派な肩書きがついていても、座ったら畳半畳分、寝ても畳一畳分の大きさでしかない。社長であれ一般社員であれ、大した差はないのだから、**社長だからといって、偉そうに命令してはいけない。社員の協力なしに、会社を経営することはできない**」

2代目、3代目の経営者の中には、「社長=特権階級」だと勘違いし、胡座《あぐら》をかいている人もいます。

けれど、「社長」は、権限でも、権力でも、特権でもありません。経営者としての能力があるから社長に抜擢されているわけではなく、**「たまたま経営者の息子として生まれ、チャンスをもらっただけ」**です。

社長とはいえ、しょせん、**「座して半畳、寝て一畳」の小さな存在**です。自分ひとりでは何もできません。

ひとつの製品をつくり上げるまでには、社内外の多くの人たちの協力があって初めて成り立ちます。

そのことがわかっていれば、社員にやさしくなれるのではないでしょうか。

会社は「1にも2にも人材」

故・中村元《なかむらはじめ》先生は、インド哲学、仏教哲学といった東洋思想研究の世界的権威です（1999年、86歳没）。

30年もの歳月をかけて完成させた『広説佛教語大辞典』（東京書籍）、『ブッダのことば』（岩波書店）、『慈悲』（講談社）など、数多くの著書を残しています。

中村先生は、NHKのテレビ番組『あの人に会いたい』（2006年）の中で、とても印象深く、とても腹落ちすることをおっしゃっていました（『あの人に会いたい』：NHKの映像音声資料から、著名人の叡知《えいち》の言葉を甦らせる番組）。

「世界が一つになる場合、**異質的なものに対する理解と寛容**ということ、これが絶対必要だと思います」

この言葉は、経済や経営にも当てはまるのではないか……。

そう考えた私は、中村先生の言葉を参考に、当社の経営理念をつくり直しました。

●ヒルトップの経営理念

「理解と寛容を以て人を育てる」

人は、ひとりでは生きていけません。仕事も、ひとりでは完遂《かんすい》できません。社会も、会社も、**自分とは違う「異質な人」との共存、融和**がなければ成り立ちません。そのためには、**周囲の人に対する「理解」と「寛容」**が必要です。

◉理解……他人の気持ちや立場を察すること。

◉寛容……「包み込む(=包容力)」という概念のこと。相手の長所も短所も、成功も失敗もすべてひっくるめて受け止める。他人の失敗や欠点などを厳しく責め立てない。

自社の社員だからといって、命令や強制によって人を動かす社長は、社員に対する理解と寛容が足りません。

会社は、異質な人が集まる場所です。社員は一人ひとり、性別も、年齢も、国籍も、考え方も、得意・不得意も、能力も違います。人はみな異質であり、**人はみな尊敬に値する。**誰もがみな正しい。

そのことがわかっていれば、「自分の正しさ」を相手に押しつけることはできないはずです。

「自分ができるから相手もできる」と考えるのは、思い上がりです。

自分にはできることが、相手にはできないことがあります。「できない」からといって、「なんで、こんなもんもできへんねん！」と相手を非難するのは、間違っています。

仮に相手がミスをした場合でも、相手を論破する（ミスを認めさせる）のではなくて、相手の過ちを受け入れ、そのうえで、

「この人のために、してあげられることは何か」を考える寛容さが必要です。

パナソニックの創業者・松下幸之助さんは、著書『松下幸之助「一日一話」』（ＰＨＰ研究所）の中で、

「『事業は人なり』と言われるが、これは全くその通りである。どんな経営でも適切な人を得てはじめて発展していくものである」

と述べています。私も同様に、

「事業（企業）は人がすべて。人を育てない会社は、間違いなくつぶれる」

と考えています。

会社は、「1にも2にも人材」です。仮に5年後に会社がなくなってしまったとしても、**他の会社から「うちにきてほしい」と言ってもらえるような人材を育成**するのが、当社の理想です。

会社の屋台骨となる社員の成長なくして、会社の成長はありません。

そして、日本企業がこれからの人材を育てていくには、**相手を受け入れる「心の余裕」**を持つ必要があると思います。

社内の「1割勢力」が残り9割の社員を動かす

専務の山本昌治は、「社内の1割の人間が変われば、やがて全員が変わる」と考え、次のように話しています。

「人間は十人十色で、全員、性格は違いますが、『会社』という集合体の中にいる以上は、同じ方向に向かって足並みを揃えなければなりません。

そのためには、社員の意識を変える必要がある。とはいえ、全社員の意識をいっぺんに変えることは難しいので、私は『**1割の社員が変われば、結果的に全社員が変わる**』と考えています。

私がまだ若かったとき、ある先輩からニホンザルのエピソードを聞かされたことがありました。

動物園に、100匹のニホンザルがいたとします。サル山の中に、みかんを投げ込むと、ニホンザルは、皮のまま、みかんを食べます。ところが、エサを与える人間が、『みかんの皮を剥《む》いて食べている』と、その様子を見たニホンザルの1匹が『剥いて食べる』ことを覚えます。

すると今度は、ニホンザルの仲間が『あいつは皮を剥いているから、自分も剥いてみよう』と考え、皮を剥くようになる。

全体の1割に当たる『10匹』が皮を剥くようになるまでは、時間がかかります。けれど、10匹までいけば、そこからは早い。残り90匹のニホンザルも、『皮を剥いてみかんを食べる』ようになると聞いたことがあります。

このエピソードが事実なのかはわかりません。けれど、会社の旗振り役となる**『1割勢力』が残り9割の社員を動かす**、という考え方は、正しいと思います。

ヒルトップが成長できたのは、副社長が元ヤンキー・暴走族だった谷口、静本、林と本気で向き合い、時間をかけて、彼らを『1割勢力』として育てることができたからです。

『理解と寛容を以て人を育てる』には、時間がかかります。『1割勢力』ができるまで我慢する**忍耐力**や**胆力**が経営者には必要ではないでしょうか」（山本昌治）

「怒る」と人は育たない！「ほめる」と才能が伸びる

社員はわが子！「ほめてあげたい」経営者の親心

私にとって社員は「自分の子ども」のような存在です。ですから、自分の子どもの「よいところ（長所や持ち味）を見つけてあげたい」と思うのが親心です。

私の長男である山本勇輝は、当社のアメリカ法人「HILLTOP Technology Laboratory, Inc.（ヒルトップ・テクノロジー・ラボラトリー）」のCEOをしています。

彼は子どもの頃に野球をしていたのですが、お世辞にも上手とは言えませんでした。バットの持ち方がヘンで、右手と左手の間に大きな隙間が開いていました。

試合を観戦していた私が、「それでは、当たらへんぞ」と思っていたとおり、やっぱり当たりません。三振ばかりです。

もちろん守備も、ヘタクソでした。彼のところにボールが飛んでいくと、私と妻はいつも目をつぶっていました。

けれど親としては、「ほめてあげたい」と思うものです。だから試合後、私は彼に、こう言いました。

「あの三振は素晴らしい三振やで。いやぁ、ええ、スイングやったわ。よう頑張ったよな。おまえは飛ばす能力があるんだから、これからも、どんどん振っていけばええやん」

私には、彼のプレーに対して、叱るつもりも、目くじらを立てるつもりもありませんでした。彼は一所懸命やった。けれど、できなかった。できなかったことに対して、「なんでできひんの?」と責めるのではなく、**一所懸命プレーした彼の姿勢をほめてあげる**。そのほうが、絶対にやる気を出します。

社員を叱責する経営者は、「社員＝自分の子ども」という意識が希薄なのだと思います。私は、「社員も子どもも、ほめることによって、才能を引き出せる」と考えています。怒ってばかりでは、絶対に人は育ちません。

私の長女で、営業部の購買課長を務める山本瀬里奈《やまもとせりな》は、「上司のひと言」によって「モチベーションを高めることができた」として、次のように話しています。

「購買課長になる前、私はプログラマーとして製品をつくっていましたが、『自分が納得できる仕事をしたい』という想いが強くて、ひたすら自己満足でものをつくっていたことがありました。

ところが、あるとき、当時の製造部長に、『おまえ、すごいな』とほめてもらったことがあるんです。

私が『え、何がですか？』と聞くと、『オレよりも繊細なプログラムを組むヤツを初めて見た』と言ってくれた。部長は、社内でも几帳面で丁寧なプログラムを組むことで知られていたのですが、その部長から『オレよりもすごい』とほめてもらえたのは、とてもうれしかったですね。**自分の仕事に自信が持てるようになった**気がします」（山本瀬里奈）

入社式当日の遅刻にも怒らない

製造部のプログラマーである大津碧《おおつあおい》は、本人いわく「あ、これで私は終わった」と思うほどの失敗を経験しています。

「私は、一度だけ、遅刻をしたことがあるんです。あろうことか、それは『**入社式**』**当日**でした。電車を乗り間違えて、京都方面に行かなければいけないのに、奈良方面に行ってしまい……。これから社会人として働く、という大事な日にやらかしてしまって、さすがに、『ほんまにヤバい! もう、終わった』と思いました。

ところが、あわてて会社に電話をすると、怒られるどころか、心配してくださったんです。『**怖かったやろう。大丈夫やで**』って。先輩のその一言に救われました。

今も失敗ばかりしていますが、怒られることはなく、『こういうふうにしたらいいよ』と励ましてくれます。ヒルトップは、**失敗に対して寛容**です。だからこそ、失敗を恐れずに『新しいことにもチャレンジしよう』という気持ちを持てるのだと思います」(大津)

人が育つ「アメが8割、ムチが2割」の原理

有頂天になると成長スピードが加速する？

かつて、職人の世界では、「アメとムチを使い分けるときは、ムチが8割で、アメが2割」と言われていたことがあります。

しかし、私は**「逆」**だと思います。

「アメが8割、ムチが2割」です。

ムチが多すぎると、社員は萎縮する。失敗を恐れるようになって、「新しいこと」へのチャレンジから目を背けるようになります。

けれど、結果がどうであろうと、「頑張ったな」とほめてあげれば、躊躇《ちゅうちょ》なく行動することができます。

よく経営者の方から「どうしたら、そんなに寛容になれるんですか?」と質問されますが、**「経営者は絶対に自分のことをエライと思わないことです」**と答えています。

社員にはアメを与える。すると社員は有頂天になる。**有頂天になると、成長スピードが早くなります。**

ただし、そのままにしておくと「天狗」になりかねませんから、**社員がうぬぼれ始めたら、天狗の鼻を折る。**それが経営者の仕事です。

鼻を折るといっても、怒ったり、責任を追及したりするのではありません。私の場合は、**「矛先《ほこさき》を変える」**ようにしています。つまり、ジョブ・ローテーションを行って**「新しいフィールドを与える」**のです。

人の成長を阻害するのは、これまでの自分の経験やノウハウです。成功体験が忘れられず、新しいチャレンジを止めてしまうからです。

製造部長だった谷口光宏を開発部長に任命したように、「新しいフィールド」を与えると、今までの経験やノウハウがリセットされるため、**成長意欲を取り戻す**ことができます。

「ほめすぎ」くらいがちょうどいい

営業副部長の永徳直己《えいとくなおき》は、新卒社員の研修を担当していた際、「ほめるときは、やりすぎくらいでちょうどいい」と感じていたそうで、当時を振り返って次のように話しています。

「私は以前、新卒の社員教育に携わっていたのですが、そのときは、過剰なくらいほめるようにしていました。

たとえば、新人のAくんが何かをつくったとすると、完成度がどうあれ、『本当によくできているね～！』と大げさに驚いてみせました。そして、まわりにいる社員にも、『ちょっと、見て見て見て、Aがこんなんつくりよってん！　見たって、見たって！』と声をかけて、**みんなの前でほめてあげる**。そうすることでAくんは、照れながらも、『もっと、頑張ろう』と自信を持つようになります。

反対に**叱るときは、相手と『1対1で叱る』**ようにします。なぜなら、人前で叱ると

『恥をかかされた』『メンツをつぶされた』と感じ、反発するからです。

叱るときは、1対1になることができる場所に移動して、『これこれ、こうで、こうやから、こうなんだ』と叱る理由（叱られる理由）をセットにして、筋道立てて説明することが大切です。

その子が『なぜ、叱られているのか』をしっかり理解しないと、『なんか、ようわからんけど、ガミガミ言われた』と思うだけです。『叱る』というよりは、『**諭《さと》す**』という感覚に近いかもしれませんね。新人を育てるには、頭ごなしに怒るよりも、**理由を添えて『諭す』**ほうが有効だと思います」（永徳）

「自発能動人間」のつくり方

知的作業の善循環サイクルを回す

社員教育で大切なのは、**「知的作業のサイクル」**をつくることです。

覚えた仕事、成果が出た仕事を「標準化・情報化・データ化」して他人に伝えることができれば、ノウハウを手放した分だけ、自分の中のキャパシティに空きができます。

すると、その空いたところに、**「新しいスキル」や「新しい経験」**を取り込むことができます。そうして取り込んだ「新しいスキル」や「新しい経験」が人を成長させるのです。

●知的作業の善循環サイクル

・「成果が出る」

・「ノウハウを標準化する」
←
・「キャパシティが空く」
←
・「新しいことにチャレンジする」
←
・「成果が出る」

このような知的作業の善循環サイクルを回すことが必要です。

「新しいこと」「楽しいこと」は、すぐに結果が出るわけではありません。お金も、時間も、労力もかかります。

ですが、前に転ぶ（＝新しいことをやる）のも、後ろに転ぶ（＝従来のルーティンに没頭する）のも、どちらも同じくらいパワーがかかるなら、「前に転ぶ」ほうが建設的だし、喜びは大きいはずです。

新しい仕事に取り組める喜びは、**「自発能動人間」**をつくります。善循環サイクルが回り始めると、人は能動的にやりたいことを見つけたり、「今までとは違った経験をしよう」と考えます。

失敗ウェルカムの論理

当社には、阪神タイガースをこよなく愛する「ヒルトップ阪神タイガース部」があります。

２００３年に阪神タイガースがリーグ優勝したときのことです。ある社員が、勝手に阪神タイガース球団からライセンス契約を取ってきて、勝手に「アルミ削り出しの優勝記念モニュメント」（左記）をつくったことがありました。

私は内心、「オレはジャイアンツファンだから、タイガースが優勝したからって、なんやねん」と思っていたのですが、彼は、「これは売れます！　ひとつ30万〜50万円で売れると思います！」と自信満々。

「阪神タイガース優勝記念モニュメント」

おもいきって任せてみたところ、結果は……、1個も売れませんでした（笑）。しかたないので知人に頼み込んで、「5万円」で買っていただきました。

優勝記念モニュメントの製作は、ビジネスとしては大失敗です。けれど私は、叱るつもりはありません。むしろ、彼の**「勝手さ」を評価**しています。なぜなら、

「社員が**自発的に**考え、**自発的に**決めて、**自発的に**動いたから」

そして、

「アルミの削り出しの優勝記念モニュメントをつくるための**ノウハウが残ったから**」

です。

当社は、社員の失敗に「寛容」です。失敗してもいい。**失敗しても失うのは、時間と材料代だけ**です。

失敗ウェルカムです。なぜなら失敗は、**「新しいことにチャレンジした」ことの証《あかし》**だからです。

「ものづくり」の前に「人づくり」! 入社2年目社員に新卒教育を任せる

新卒採用の会社説明会で断言すること

私たちの会社は「ものをつくる」会社ですが、ものづくりの前に、**「人をつくる」「人を育てる」**ことが何よりも重要だと考えています。

私の兄で社長の山本正範が、

「職場は、仕事を通じて**人間が成長できるフィールド**であるべき場所。**他の人のために尽力できる人間を育てる**ことが、私たちの使命」

と述べているように、「人を育てること」が当社にとっての最優先課題です。

優秀な人材がたくさんいればいるほど、新しい挑戦ができます。

そして、「人」が土台となって、強い会社となります。ヒルトップが中小企業でありながら、大企業に劣らないマルチな機能や人が集まっているのは、人材教育に注力した結果です。

私は、新卒採用の会社説明会で就活生に向かって、必ず次のような話をしています。

「この会社に入った人は、**絶対に育ちます**。どの会社の社員にも、**絶対に負けません**。プログラムのことがわからなくても、文系の人でも、**入社半年で必ず活躍**できるようになります」

新卒社員が入社半年でプログラムができる（製品がつくれる）ようになるのは、職人のノウハウをデータ化した「ヒルトップ・システム」の構築と、即戦力化を可能にする**「ヒルトップ式教育カリキュラム」**が整備されているからです。

「ヒルトップ式教育カリキュラム」は、座学と実技が単位制になっていて、半年間、担当教官（先輩社員）が生徒（新卒社員）に指導をします。

半年間のカリキュラムの中で、**最初の3か月は新卒が全員一緒に研修**を受けます。残りの3か月間は、それぞれが各部署に配属されて研修をする、というしくみです。

中小企業に「何年もかけてじっくり育てる」といった人材の余力も時間の余力もありませんから、**どんな人間も「半年間で一人前にする」**ためのカリキュラムになっています。

昔ながらの町工場に入社すると、最初に「バリ取り」(材料を切ったり削ったりした際にできる「出っ張り」を取り除くこと)などを覚える「下積み時代」があります。

バリ取りができるようになると、ようやく機械を触らせてもらえるようになる。そして、機械を使いこなせるようになると(職人のノウハウが身につくと)、その機械の責任者になる。プログラマーになるのは、その後です。つまり、プログラマーになるのは最後であり、早くても5年くらいはかかります。

ですが、当社のように多品種少量生産の場合、「ひとつのプログラムで1万個つくる」ことはなく、ひとつのプログラムでできる製品は、ひとつです。

したがって、プログラムの数(プログラマーの人数)を増やさなければならないため、5年も待ってはいられません。

そこで、「職人になる」というプロセスを飛ばして、**入社半年でプログラマー**になれる教育カリキュラムをつくっています。

営業副部長の永徳直己は、「社員教育は、片手間では絶対にできない」と断言し、次のように述べています。

「それぞれのセクションに教育担当の社員がいます。彼らは、**自分の仕事よりも社員教育を優先している**感じですね。

ひとりの人間のやる気と発想が、企業を大きく変えることもあります。それほど、人の可能性は大きいものです。

当社の社員はそのことがわかっているので、**本気で人を育てたい**と思っている。『自分の時間を削ってでも、新人の可能性を伸ばしてあげたい』と考えているのだと思います」

（永徳）

入社2年目社員に新卒の教育を任せる

権限を委譲し、仕事を任せることで、人は成長します。したがって私は、相談に乗ることはあっても、最終的な判断は社員に任せています。

当社では、社員が「工場見学をしたい」「セミナーに行きたい」とみずから提案すれば、積極的に行かせています。

人間は、そもそも好奇心旺盛で、様々な能力が備わっています。それを引き出し、伸ばすフィールドを整えることが経営者の役割であり、会社のあり方だと考えています。

「やりたい人には、任せてみる」「手を挙げた人には、権限を与える」のが、当社の基本です。

当社の新卒採用の責任者は山本勇輝ですが、実質的なプロジェクトの担当者は、入社2年目の岡谷祐美《おかたにゆみ》（営業技術）に任せています。

岡谷は、入社当時から「社員教育」に関心があり、本人が「やりたい」と手を挙げたため、迷わず抜擢しました。

「学生時代のアルバイト先でも教育担当のリーダーをしていたので、『人を成長させる』ことに興味を持っていました。自分が受けた新人教育を次のカリキュラムに活かしたいという思いがあったので、1年目の秋にはもう、『次の新卒の教育に関わりたいです！』と手を挙げたんです。

時代に合わせて、会社の方針に合わせて、そして新入社員の個性に合わせてカリキュラムを変えていく必要があるので、これまでの教育カリキュラムを基本にしながら、『もっとこうしたほうがいいのではないか』『一人ひとりに合うように教育をするには、どうしたらいいか』と試行錯誤しながら、研修を進めています。

私は学生時代から、『後輩がかわいくてしかたがない』と思ってきたので、後輩のためなら、かわいいこの子たちのためなら、いくらでも頑張れます。『絶対にやりたい』と思っていたことを任されているのですから、『仕事が辛い』と思ったことはないですね」

（岡谷）

入社半年でどんな人でも戦力化できる「ヒルトップ式教育カリキュラム」

「ヒルトップ式教育カリキュラム」の4つの特徴

「ヒルトップ式教育カリキュラム」のおもな特徴は、次の4つです。

●ヒルトップ式教育カリキュラムの特徴

①職人のノウハウを「歴史」と「論理」と「技術」の3つに分ける
②「リアル」と「バーチャル」の両方を通じて、ものづくりを学ぶ
③「振り返りシート」を使って、ＰＤＣＡを回す

④ 入社半年間で、会社の「全セクション」を経験させる

① 職人のノウハウを「歴史」と「論理」と「技術」の3つに分ける

◎「昔気質のノウハウ」は「歴史」（記録）として知っておくだけでいい

私の弟で専務の山本昌治は、当社の教育カリキュラムができた理由を次のように話しています。

「私たちの世代は、『仕事は、しんどいのがあたりまえ』『技術は目で盗め』と教えられてきました。けれど、それが本当に正しいのかを常に問いかけながら歩んできました。世の中の変化に応じて変えなければならないことは何か、一方で、変えてはならないことは何かを自問自答した結果として、ヒルトップの教育システムができたのです」（山本昌治）

専務が言うように、時代は変化しています。ですから、かつての職人気質が必ずしも通用するわけではありません。ゲーム世代（小さい頃からゲーム機があった世代）に、**「背**

中を見て覚えろ」「盗んで覚えろ」はナンセンスです。

昔気質の職人さんが持っているものの多くは陳腐化《ちんぷか》しているのが実情で、**職人さんのノウハウの3分の1は覚える必要がない**と私は考えています。

なぜなら、その3分の1は、歴史(=昔話)にすぎないからです。

たとえば、「今はな、刃物はみんな用意されてるやろ。昔は今と違って用意されてなかったからな、こんなふうにして刃を研磨したんや」といった話は、「かつてはそうだった」という歴史認識でしかありません。

今と昔では「覚えるもの」が変わっています。

中国も、アメリカも、開発現場の世界的な主流は、ソリッドモデル(立体をコンピュータで表現するための3Dモデルのこと)です。当社の「ヒルトップ・システム」もソリッドモデルを扱っています。それなのに、日本の開発現場の多くは、いまだに2Dの平面データを使って設計しています。

だとすれば、時代遅れになりつつある昔ながらの平面データではなく、ソリッドモデルを使った開発、設計、製造を学ぶべきです。

今の新卒が、昔の職人がやってきたことを10年、20年、30年かけて身につける必要はありません。歴史は、「公知《こうち》の事実」として知っておけばいいだけであって、同じことができるようになる必要はないわけです。

◎「なぜ、そうするのか」を論理的に学ぶ

売上の８割を占めていた大量生産に見切りをつけ、路頭に迷いながら、新規開拓に躍起《やっき》になっていたときのことです。

それまでの私たちは、「決められたとおりに、決められた自動車部品をつくること」しか経験がなかったので、図面の読み描きがまったくできませんでした。

新規の仕事を取ってきても、渡された図面に何が描いてあるのか、さっぱりわかりません。自分たちの手に負えないときは、外注（外部の職人）に大赤字を覚悟で頼っていました。

職人さんに、「図面も読めないかけだしなので、いろいろ教えてください」とお願いをして、作業を見学させていただいたこともあります。

私は興味津々で、職人さんにいろいろ質問をしたのですが、要領を得ませんでした。

私「どうして、そこはそうしはるんですか？」
職人「これがこうなるから、こうなるんやと思うわ」
私「では、こっちは？」
職人「昔からのしきたりやねん、これな」
私「では、あれは？」
職人「そんなふうに言われてもな、わからへん。難しいこと言われても困るねんけどな」
私「もう少し具体的に教えていただけますか？」
職人「うるさいな、おまえ。いちいち聞かんといてくれるか。悪いけど、わしにもわからへんねん」

要するに、その職人さんには、理屈や理論がありませんでした。経験的、感覚的に仕事をしていたのです。

でも、経験や感覚に頼った仕事は、再現性が低く、非効率です。

そこでヒルトップでは、あいまいさを排除して、**「なぜ、そうするのか」「どうして、その数値なのか」を体系的、具体的、論理的に教える**ようにしています。

◎技術は、データ化、マニュアル化、人伝えで教える

(1)データ化

加工条件を再現できるように、データ化・標準化を行っているため、**ゲーム感覚**でプログラムがつくれるようになります。

(2)マニュアル化

「背中を見て学ばせる」のではなく、詳細なマニュアルを用意して、実践的な指導をします。マニュアルの精度が高ければ、「人によって教え方に差がつく」ことはありません。誰が教えても、一定のスキルが身につくしくみです。

「ボウリング大会」などの社内イベントのマニュアルも用意しています。新入社員に社内イベントを仕切らせると、**リーダーの視点**を学ぶことができます。

◎座学と現場研修の両方で、整備マニュアルを使用する

・「基礎知識講座」（専門用語の説明講座／図面の見方）
・「現場研修」（実際の加工方法／工具、機械の使用方法）

・「プログラマー研修」（CAD、CAMの操作方法）
・「オペレーター研修」（メイン加工機の使用方法）

「ヒルトップ式教育カリキュラム」を導入したのは、当社が本格的に新卒採用を始めた2010年度からです。

教育カリキュラムが終了すると、「教育担当の先輩社員」とカリキュラムを受講した「新卒社員」がカリキュラムの見直しを行うため、現在のマニュアルは、当時に比べ、大幅にバージョンアップしています。

(3)人伝え

データやマニュアルを補完できるのは、結局のところ、「人」だけです。「人と人が関わり、お互いに理解を深めること」が社員教育の基本です。

②「リアル」と「バーチャル」の両方を通じて、ものづくりを学ぶ

当社の社員は、「手作業」で加工することはありません。すべて全自動です。

コンピュータを使ったバーチャルでの加工は、誰もが簡単にプログラムが組めるというメリットがある一方で、プログラマーは、ものづくりに対する実感や手応えが得にくくなります。

そこで、「実際にアルミを削るとどんな音がするのか」「どんなニオイがするのか」といった「削ったときの感覚」を養ってもらうために、現場研修では、**「手作業による加工」**を全員に体験してもらいます。

現場研修では、教育の一環として、意図的に失敗させることもあります（事故にならない範囲で）。

「どうして失敗したのか」「どうしてうまくできなかったのか」を考えることで、より深く理解できるようになるからです。

バーチャルとリアルを両方体験したほうが、機械の動きをイメージしながらプログラムを組むことができます。

バーチャルかリアルのどちらかに偏ってしまうと、ものの見え方が狭くなるため、どちらも体験することが重要です。

2017年4月に入社した若手プログラマーの大津碧は「座学だけでなく、自分で加工を体験できたことがプログラムにも活きている」と感じています。

「ヒルトップの新人研修は、座学だけではなく、実際の現場に出向いて、自分でアルミを削ったりします。座学の途中で、『話だけ聞いていてもわからないだろうし、とりあえず、削ってみようか』と言って、いきなり機械を触らせてくれることもありました。

実際にアルミを削って、自分の目と、耳と、手と、五感を使いながらものづくりを学びました。自分で加工をしてみると、『ああ、こんなにやりすぎたらあかんねや』ということが実感としてわかります。

初めて刃物を見たときは、『めっちゃ回ってて、怖い』と思いましたが(笑)、『刃物は、怖い』という事実がわかったからこそ、『安全なプログラムを組もう』という意識を持つことができました」(大津)

③「振り返りシート」を使って、PDCAを回す

同じマニュアルを使って教育を施しても、人によって習得のスピードは違います。した

「振り返りシート」の実例

日報

日付	氏名
4月7日（金）	

1. 今日行ったこと

1. 昨日の振り返り
2. 作図からモデルを作るときに1つの輪郭だけでなく、他の輪郭も選べ、そのやり方
3. 練習問題

2. 気づいたこと、学んだこと

・あ→Aに変えることをクセづける！

・円弧からでも中心が出せるので、ノギスで測る時、いろいろ補助線をひかなくても大丈夫！　・Rの後に数字がないときは、勝手に数字を推測しない！

3. 困ったことや聞いてみたいこと

図面に書いていることを見落さない!! ということを意識します！

また、三角法、上に滑らせた時の想像力が乏しいので、

普段から色々なものを三角法で見て、慣れようと思います。

4. 疑問に残ったことや明日取り組んでみたいこと

練習問題が中途半端になって終わってしまったのが悔しいです。

備考

流れの説明、ありがとうございました！プログラマーさんのプレッシャーはやばそうだなということがとても伝わってきました☺

上司からのコメント

2日間、お疲れ様でした。

昨日はスラスラいけてたけど、今日はまたレベルが上がって、いっぱい悩んだね。その分今日得たものは中身の濃いものになったと思います☺ は色んなことに疑問を持って、知ろうとする姿勢がすごく良いし、私にとってもめちゃくちゃ良い刺激になっています。 たちそれぞれに良いところ、得意なところがあると思うから、3人で高め合っていけるように頑張って下さい☺もしかしたら同期の中で女の子ひとりやし、同期には相談しにくかったり、しんどいなと思うことがあったら、いつでも言ってね。またゴハンでも行こう♥

では！まだスタートきったばっかりなので、これからモリモリがんばってください！

岡谷

がって、個別のフォローをして、「どこができて、どこが遅れているのか」を把握することが大切です。

そこで新人には、**毎日「振り返りシート」**(右ページ参照)を書いてもらっています。「振り返りシート」によって課題と目標を浮き彫りにして、個別のフィードバックをしています。

④ 入社半年間で、会社の「全セクション」を経験させる

製造業の社員教育は、「技術を身につける」ことにフォーカスしがちです。ですから、「現場に出て、作業をしながら実践で覚える」のが一般的です。

仮に技術を習得するのに、約3年かかるとしても、それだけでは一人前にはなれません。なぜなら、その3年で身につくのは、「自分が配属されたセクションの技術だけ」であり、他のセクションに異動になれば、また一から学ぶ必要があるからです。

ですが、当社は違います。「ヒルトップ式教育カリキュラム」では、**半年間で「全セクション」をすべて理解できるようになっているため、「半年間で一人前」にすることが可能**なのです。

chapter 5

この新卒採用で会社が変わり始めた！

地頭がよく、コミュニケーション力が高い「知的体育会系」を狙う

ヒルトップに必要な人材の7条件

現在、アメリカ法人「HILLTOP Technology Laboratory, Inc.」のＣＥＯである山本勇輝は、ヒルトップに入社する前、人材系企業に勤めていました。

当社の新卒採用活動は、彼の入社後、２０１０年から本格的にスタートしています。当時38名ほどだった社員数は、**今では4倍の規模に成長**。ここ数年は、大学との連携を強化して多くの学生をどんどん採用しています。

また、留学生のインターンシップを積極的に受け入れ、「特許の取得実績を持ち、国費

で留学している「フランス人」など、非常に優秀な人材（外国人）とも出会えています（2018年6月現在、**宇治市の本社で働く外国人社員は10名**）。

ヒルトップにとって、これまでは、「種まき」の時期でした。これからは、種が育ち、多方面へ会社全体が成長をする**「変化の時期」**です。

今後は、海外事業の充実などを含め、独自の生産管理システムを活かしながら、事業を拡大する方針です。将来的には、ロボット事業（アンドロイドのように、人の役に立つロボットの開発）にも参入したいと考えています。

事業拡大や新規事業進出を実現するには、人材の確保・育成が欠かせません。そこで当社では、次のような人材（新卒）を求めています。

●ヒルトップに必要な人材の7条件

①「ものづくり」に興味がある人材
②「主体性」を持ち能動的な人材
③「チャレンジ意欲」を持った人材

④「自己分析」ができる人材
⑤「自己主張」ができる人材
⑥「知的体育会系」の人材
⑦経営幹部よりも優秀な人材

①「ものづくり」に興味がある人材

文系の学生やコンピュータに苦手意識を持つ学生の多くは、「ものづくりは面白そうだけれど、自分には関係がない」と考えています。当社は、前述のように「誰でも半年間で即戦力になれる教育カリキュラム」が整備されているので、文系学生でも、プログラマーやエンジニアとして活躍できます。

「今の自分にできるか、できないか」「大学で勉強したか、しなかったか」は関係ありません。大切なのは、

「やりたいか、やりたくないか」
「面白いと思えるか、思えないか」

という好奇心です。

② 「主体性」を持ち能動的な人材

私たちは、「目標を持って、みずから行動できる人材」を求めています。

人の成長は、「自己決定すること」で得られると私は考えています。

結果が思ったとおりでなくても、100点でなくてもかまわないので、**みずから判断し、選択し、行動する。みずから選択して取り組んだ結果であれば、たとえ失敗しても、人は必ず成長**します。

③ 「チャレンジ意欲」を持った人材

当社では、時代や環境に即応《そくおう》するために、会社の舵取りや方向性を変えることが頻繁にあります。こうした変化を「不安定」と感じるのではなく、「新しいことにチャレンジできる好機」と考える人材がほしい。

古い体質の製造業は、ベテランが若い人材の頭を押さえつけています。ですが、旬な人の頭を押さえてしまえば、それこそ、会社の成長は頭打ちになってしまうでしょう。したがって、**「出る杭は打たない」**のが基本スタンスです。

当社の加工機の中には、**1億円以上**するものがあります。普通の会社なら、こうした機械を新入社員に扱わせることはないでしょう。万が一機械が壊れでもしたら、納期に間に合いません。修理コストだけでも数百万円はかかります。

ですが当社では、**「機械が故障しても、直せばいい。使いたければ、どんどん使っていい」**と言っています。

仮に失敗しても、その失敗から「課題」を見つけることができれば、その人は必ず成長できるからです。

当社では「前向きなチャレンジ」を奨励《しょうれい》しています。チャレンジによるエラーも起こりますが、**失敗の原因を究明することはあっても、人を怒ることはありません。**

製造部の前出拓が当社を選んだのは、「誰でも挑戦できる環境に感銘を受けた」からと、こんな話をしています。

「農学部出身の私がヒルトップを選んだ理由は、2つあります。ひとつは、ものづくりに興味があったこと。もうひとつは、この会社の社風です。ヒルトップには、若手社員であっても挑戦できる環境があります。

この会社を初めて知ったのは、合同会社説明会のときです。ヒルトップは、若い社員がイキイキと大きな声を出していて、他の会社よりも、活気があって目立っていました。

初めて聞く社名だし、何をやっているのかよくわからないし、社屋はピンク色でちょっと怪しい感じもしたのですが（笑）、『楽しくなければ仕事じゃない』は本当かな？　と思い、インターンシップに参加することにしました。

インターンシップは1日だけでしたが、一緒にランチしたり、いろいろな部署の方とお話ができたり、実際に加工の体験をさせていただくなど、これほどたくさんの社員と交流できたインターンシップは初めてでした。

『ヒルトップの社員は、**笑いながら、楽しそうに**仕事をしている』『ヒルトップは、誰にでもチャンスをくれる』。そのことがわかった私は、この会社への入社を希望するようになったのです」（前出）

④「自己分析」ができる人材

一般的に就活対策では、「自己分析は、就活の結果を大きく左右するほど重要な作業」

と言われていますが、内定がもらえるかどうかに関係なく、「自己分析」には取り組むべきです。

就職活動は、「自分はどういう人間で、本当にやりたいことは何なのか」を真正面から見つめる絶好の機会です。

自分自身のことを考えてあげられるのは、自分だけです。「自分が何をやりたいか」「自分はどうなりたいのか」をしっかり考えられない人に、ビジネスのことを考えるのは難しいでしょう。

⑤「自己主張」ができる人材

営業副部長の永徳直己は、当社の新入社員の特徴を、次のように感じています。

「若い世代を見ていると、自分のやりたいことがはっきりしていて、それをきちんと表現できる子が多い印象です。

職人の世界は、少なからず『上の言うことが正しい世界』で、白いものでも上の人が『黒』と言えば『黒』でしたが、今の若手は『いや、それは黒ではなくて、白です』と異を唱えることができる。まわりに流されず、たとえ相手が上司であっても、『自分は、こう思う』と臆せずに言うことができます。社員がみんな横並びである必要はありませんから、自己主張できることは、とてもいいことです」（永徳）

製造部のプログラマーである大津碧は、京都工芸繊維大学大学院在学中に、**構造生物学**の研究をしていました。「病気の原因となる病原菌の形」を解析していたそうです。

分野としては、薬学の創薬に近くて、鉄工所とは縁遠い。それなのに彼女がヒルトップを選んだのは、「ヒルトップに無限の可能性を感じたから」だと言います。

「会社説明会で、副社長の話を伺ったとき、『この人もこの会社も、ビジョンを明確に持っている』と感じました。

大学院で勉強してきた分野とはまったく関係ありませんでしたが、それでも、『この副社長と一緒に働けば、新しい世界に踏み出せるのではないか』という期待感を覚えたんです。

この会社には、開発部もありますし、可能性が無限に広がっていて、私が『やりたい』

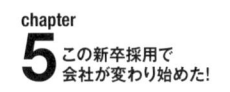

『やらせてほしい』と本気で主張すれば、本当にやらせてもらえる環境があると思います」（大津）

また、製造部の塚本無我《つかもとむが》は、「ヒルトップの一番のセールスポイントは、やりたいことを自分で探せること」だと話しています。

「『やりたいこと』であれば、どんなに忙しくても、キツくはありません。けれど、『やらされている仕事』は、本当につまらない（笑）。もちろん、『やらされている仕事』もありますが、ヒルトップであれば、仕事のやり方をアレンジしたり、工夫したりすることが許されているので、知的好奇心を満たすことができます。

以前、ネジの加工をしたときに、ムカッとしたことがありました。出来上がったネジに対して、『このネジはキツい』とか、『いや、ユルい』とか、人によって言うことが違っていたんです。

私は、『どういうこっちゃこれは。キツいとかユルいとか、そんなの感覚やんけ。ネジには規格があるのに、感覚で話をすると相手には伝わらない。これはなんとかしてやらな

いと』と思って、ネジの『合わせ』を定量化することにしたんです」（塚本）

塚本は、省庁に質問状を出したり、協会に電話で問い合わせたり、文献を読みあさったりしながら、約1年かけて、**「キツい、ユルい」という感覚の数値化、定量化**に取り組みました。

「その間は、機械1台使って、実験に没頭していました。**1円にもならないことをやっているのに、副社長は文句を言わない**んです。『自分のやりたいことができるって、すごく幸せなことやな。この会社を選んで間違いなかったな』と実感しています」（塚本）

⑥「知的体育会系」の人材

「知的経営」の生みの親で、一橋大学名誉教授の野中《のなか》郁次郎《いくじろう》先生は、「熟考してから動くのではなく、**動きながら考える**ことも必要でしょう。いわば、**頭も体も同時に使う『知的体育会系』**になれ」とおっしゃっていましたが（参照：日経BPネット「変化が激しい時代には『実践知』リーダーが求められる【後編】」）、当社の場合は、**「コミュニケーションが取れて、知的好奇心旺盛な人」**のことを「知的体育会系」と呼んでいます。

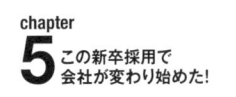

開発部のアントワン・アンドリューは、フランスからの留学生として8年前に来日し、同志社大学の大学院で機械工学を学びながら、当社で研修（アルバイト）をしていました。現在は、正社員として、ロボット技術の開発をしています。

アントワンは、ヒルトップ以外にも日本の大手企業での研修経験があり、「大手企業とヒルトップの大きな違いは、コミュニケーションにある」と述べています。

「ヒルトップの工場見学をしたとき、ちょっと不思議な感じがしたんです。とにかく、**『社員が明るい』**と思いました。それまで私が見てきた日本の大手企業とは、真逆ですね。大手企業の上下関係は、冷たくて暗い印象です。

この会社は、上司とのコミュニケーションがとても取りやすいので、楽しく、明るく仕事ができています」（アントワン）

アントワンが指摘しているように、ヒルトップの社員は「明るい」と思います。

そして何より、アントワン自身、コミュニケーション能力がとても高い。彼が「楽しい仕事ができれば、日本でも、フランスでも、関係ない」と言い切れるのは、アントワンが

「知的体育会系」の素養を持っているからだと思います。

前に触れた製造部の塚本無我は、**京都大学経済学部を8年かけて卒業した異色の人材**です。大学を卒業して実家（九州）に戻り、「地元のスーパーマーケットで経理の仕事でもしようか」と考えていた塚本の気持ちを変えたのは、1本のメールでした。

「就活サイトから送られてきたメールの中に、ヒルトップが紹介されていたんです。経済学部を出た私に『どうして製造業なのか?』と不思議に思って、『話でも聞いてみようか』と軽い気持ちで返信をしました。

すると、すぐにヒルトップの担当者から電話がかかってきて、『いつ、面接にこれますか? 明日、これますか?』と急《せ》かされたんですね（笑）。私は九州にいましたから、『いや、無理です』と返事をしたのですが、その**対応の早さも面白い**な、と」（塚本）

後日、面接にやってきた塚本は、「この会社で働きたい」という思いを強くしました。

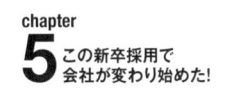

「面接には、副社長とファクトリーマネージャーがいました。お二方とも、私の面接だというのに、『今の日本経済はこうだよね』『日本の社会はこれからこうなるよね』と、雑談ばかり（笑）。午前10時くらいから面接が始まって、**お昼すぎまで、ずっと雑談**でした。

ファクトリーマネージャーから、『サッチャー政権の支持者の主張についてどう考えますか？』と質問されたときは、私は内心、『製造業になんか関係あるのか？　そんな質問、銀行や証券でも聞いてこないぞ』と思っていました（笑）。

けれど、副社長の話が本当に面白くて、『ああ、この人と一緒に働いたら、すごい楽しいやろうな』『自分の専門外なのでどう転ぶかわからないけれど、うまいこと転んだら、退屈しない毎日が待っているかもしれないな』と思えて、この会社で働くことを決めたんです」（塚本）

⑦ 経営幹部よりも優秀な人材

中小企業の経営者の多くは、自分（既存社員や経営幹部）よりも優秀な人材を採用しません。

とくにワンマン経営者は、自分より能力の劣る人間や、従順な人間を置きたがります。

自分の力量を上回る部下よりは、使いやすい人間、自分の言うことを何でも聞いてくれる人間を好む傾向にあるからです。

しかし、そんな人間ばかりだと、会社は成長どころか、縮小均衡へ向かうことになります。

本田技研工業創業者の本田宗一郎氏は、採用担当者に、**「どうだね、君が手に負えないと思う者だけ、採用してみては」**と言ったそうですが、本田宗一郎のこの言葉は、採用の本質を突いていると思います。

なぜなら、**「自分の手に負えない人」（自分よりも能力が高い人）は、自分にできない部分を補ってくれる人材**だからです。

自分で全部できると思ったら、それ以上、会社は伸びません。

自分よりできる人を使えるようにならないと、会社は成長しません。

したがって、**「自分にはできないことをできる人＝自分よりも能力が高い人」を採用**する必要があるのです。

製造部の前出は、**近畿大学の農学部出身**です。農学部出身の前出を採用したのは、私たちが「持っていないもの」を前出が持っていたからです。

サポーティング・インダストリーを目指す当社にとって、今後、「農学関係、生物関係の知見がますます必要になる」と考えています。

「私は高校時代から生物分野に興味があったので、大学では農学部に進みました。農学部の学生は、製薬会社、食品会社、化粧品会社などに就職するのが一般的です。けれど、私は『農学部とは関係のない業界でもいいから、自由に、そして、根気強く仕事に打ち込みたい』と思っていました。

ヒルトップは、**鉄工所でありながら、宇宙や、医療や、バイオ**にも目を向けています。ですから、いずれは、農学関係や生物関係の仕事が舞い込んでくると私は思っているんです。今はプログラマーをやらせていただいていますが、今後、大学時代の研究を活かすことができればいいですね」（前出）

新卒採用では、「2つの果実」を同時に狙え

「既存社員のスキルアップ」という盲点

私の長男は、以前、人材系企業（A社とします）に勤めていました。長男はA社から内定をもらうにあたり、「8次面接」まで受けたそうです。

私が「なんで、そんなにぎょうさん面接があるんやろう?」と思いながら、「で、何人採ったん、会社は?」と聞くと、長男は、「僕だけ」と答えました。私は「え?」と驚き、そして、「たったひとりの学生を採用するために、どうして、8回も面接をする必要があるのか」を考えてみたのです。

長男によく話を聞いてみると、A社では、グループ面接をはじめ、趣向を凝らしたユニークな選考方法（面接）を実施していたそうです。私は「ハハァ〜、なるほど」と得心しました。

要するに、A社が採用活動に時間をかけていたのは、「人を採用するため」だけではありません。1次から8次面接まで、趣向を凝らした面接を何度もすることによって、すでに入社している**「既存社員のスキルアップ」**につなげよう、という意図があったのです。

面接の1回1回が、「こういう面接をしたら、どのような結果になるのか」「こういう伝え方をしたら、学生からどう反応が返ってくるのか」という、既存社員にとってのプラクティス（最も効果的な手法を探す実践的な練習）になっていました。

A社にとっての新卒採用活動は、「人材確保」と同時に、「既存社員のスキルアップ」を目的としていたものだったと推測できます。

その当時、当社はまだ、新卒採用活動はしていませんでした。「中小企業に優秀な人材はこない」「だったら、ヤンキーでも元暴走族でもいいから、そこらへんにいる人を集めて、『社員教育』によって戦力化すればいい」と考えていたからです。

ですが長男の話を聞き、私の考えは変わりました。
「新卒採用をすれば、**『2つの果実』が収穫**できる」ことがわかったのです（実際に新卒採用活動を始めたのは、長男が前職を辞め、当社に入社後の２０１０年から）。

自分たちの仲間は、自分たちで選ぶ

当社の採用活動では、

① 優秀な人材を採用する

② 既存社員のスキルアップ

という2つの果実を同時に狙っています。

新卒の採用活動には、入社してまもない若手メンバーにも積極的に参加してもらっています。

就活生と同じ目線でメッセージを伝えることができるのは彼らですし、本人にもヒルトップのことを学んでもらうよい機会になるので、一石二鳥です。

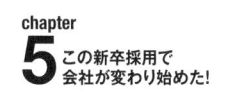

私は、社員に**「自分たちの仲間は、自分たちで選べ」**と言っています。社員たちに選ばせると、次の3つの理由で、既存社員のスキルアップにつながります。

①「自分たちが望んでいるのは、どんな社員なのか」を考えるようになる（会社の現状と将来のビジョンについて考えるようになる）

②学生に、ヒルトップの特徴（長所と短所）を説明するために、自社について改めて勉強するようになる

③人を採用する立場になることによって、「人」と真剣に向き合うようになる

最終面接まで進めるのは20人程度ですが、誰が採用されても、採用に関わった社員には、**「自分たちが選んだ」という親近感**が湧くため、新卒の入社後も親身になって指導をするようになります。

当社に人事部はありません。リクルート担当者（新卒採用の担当者）は、毎年、違います。

人事部をつくったり、リクルート担当者を固定すると効率はよくなりますが、「いつも

同じ目線で学生を選定する」ようになるため、「同じような人材」ばかり入社してくるようになります。

これでは、**多様性**が生まれません。リクルート担当は、開発や製造、営業といった通常業務との兼務ですから、当然、負荷がかかる。それでも彼らは、**自分の仕事をほったらかしにしてでも（笑）、採用活動**に力を入れています。

なぜなら、「いい人材を獲得する」ことの重要性を心底理解しているからです。

新卒採用を絶対に成功させる5大ポイント

「新卒採用活動」は、社員教育以上に重要

採用活動の責任者は、アメリカ法人CEOの山本勇輝が兼任しています。

かつて人材会社に勤めていた彼は、「入社後の社員教育と同じかそれ以上に、採用活動は重要である」と認識していて、会社説明会や面接のポイントとして、次の5つを挙げています。

①来年度の会社説明会は、今年度に入社した新入社員に担当させる

②会社説明会は、ヒルトップの本社で開催する
③会社説明会では、会社のトップがみずから話をする
④社員の3分の1を面接官にする
⑤「採用してやる」という上から目線を捨てる

① 来年度の会社説明会は、今年度に入社した新入社員に担当させる

「その年に入社した新卒を中心に、会社説明会を開催しています。新入社員は、大学生に一番近い感覚を持っているので、『大学生が企業や説明会に求めているもの』を踏まえながら、会社説明会のプログラムを設計することができます。また、会社説明会は、新入社員が自分たちの会社を学ぶツールにもなります」(山本勇輝:以下同)

② 会社説明会は、ヒルトップの本社で開催する

「会社説明会を行う場合、多くの会社が、イベントホールなどを借りて行っています。ですが、ヒルトップでは、**必ず『本社』**にお越しいただきます。ヒルトップの現場・現物・現実を見てもらうためです。

会社の『よいところ』も『悪いところ』も**包み隠さずにさらけ出し**、学生に見てもらう。当社の『**ありのまま**』を知っていただくことで、入社後に『こんなはずではなかった』というギャップがなくなります。入社前と後のギャップをなくすことで、新入社員の離職を防止することができます」

③ 会社説明会では、会社のトップがみずから話をする

「会社説明会は、多ければ4、5回開催しています。当社の場合、1回につき、約5時間ですが、そのうち1時間程度、**必ず副社長がみずからの言葉で会社のビジョンについて説明**しています。会社を引っ張るトップが直接話すと、説得力が増します」

④ 社員の3分の1を面接官にする

「当社の新卒採用には、『自分たちが一緒に働くメンバーは、自分たちで決める』というコンセプトがあるので、**社員の『約3分の1』が面接官**として就活生と接しています（理想は2分の1）。面接が終わった後は、『この子はどうだった、ああだった』とヒアリングをして、次に進む学生を決めています。

集団面接を行う場合、普通の中小企業なら、『面接官2人に対して学生が5人』くらいだと思うのですが、**当社の場合はその逆で、2人の学生に対して、面接官を5、6人配置**することもあります（笑）。

面接に関わった社員には、新入社員に対して『自分も選考に関わった』という意識があるため、入社後も関心を持って接し、積極的にフォローするようになります」

⑤「採用してやる」という上から目線を捨てる

「私は『採用活動はお見合いに似ている』と思っています。つまり、自分だけでなく、相手には拒否する権利がある、ということです。

『この学生を採用したい』と思っても、学生のほうからフラれる可能性があるわけですから、『生殺与奪の権利を持っているのが企業である』と思わないことが大切です。

私は、『この人を採用したとして、**自分は最後まで面倒を見れるかどうか**』を常に自問自答しながら採用に携わっています。採用した新入社員が、仮に『自分が思っていた人と違った』としても投げ出したりせず、育て上げる覚悟があるかどうか……。『この学生なら、**覚悟を持って育てることができる』と思える人材を見極める**ことが私のポリシーです」

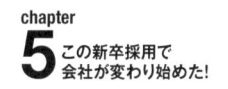

新卒採用の極意は、学生と「ざっくばらん」に接すること

ヒルトップの会社説明会は、なぜ衝撃的なのか？

現在、ヒルトップの広報・プロモーションを担当している南麻美は、当社が新卒採用を始めた第1期生です。

南は、「ヒルトップの会社説明会で衝撃を受けた」として、次のように話しています。

「会社説明会に参加するまで、ヒルトップのことはまったく知らなかったんです（笑）。友だちが、『ヒルトップっていう会社を見てきたけど、なかなかよかったよ』と言ってい

たのを覚えていて、『じゃあ、私も行こうかな』と軽い感じで参加しました。ところがそのときに、**衝撃**を受けまして……。

それまでも、いろいろな企業の会社説明会に参加していたのですが、どの会社も経営方針、事業内容、待遇など、決まりきった話をして終わり。話を聞いていても感情が動かないといいますか、淡々としている印象でした。

けれど、ヒルトップはまったく違いました。

現在、東京オフィスの支社長をしている静本が、気さくに、アットホームに話しかけてくれたんです。モニターを使いながら『じゃあ、どれ聞きたい?』と学生に問いかけ、企業が話したいことを話すのではなく、学生が聞きたいことを話す説明会でした。

『学生のことを考えてくれている』『ちゃんと、こっちのことを見てくれている』ということが伝わってきて、『この会社だったら、**社員を大事にしてくれそう**』と思えたんですね。正直、仕事内容は全然わかっていなかったのですが(笑)、**完全に**『**人**』で決めました。

それと、『しょうもない』と笑われるかもしれませんが……、ヒルトップは、どの製造業よりも会社が**キレイ**でした。とくに、**トイレ**(笑)。

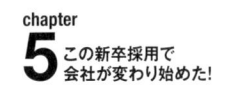

大学時代に、インターンシップでいくつかの工場を見学しましたが、『男女共用の古い和式トイレがひとつあるだけ』の工場もありました。ですから、**『トイレがキレイ』なのは、女性としてはとてもうれしかった**ですね」（南）

相手の気を緩めさせてからが勝負

東京オフィス支社長の静本は現在、新卒採用の3次面接を担当しています。

「当社の面接時間は、他社と比べると長いと思います。30分や1時間では、人の本質を見抜くことはできませんから、3～4時間、学生と話をしますね。しかも、学生が緊張しないように、できるだけ、ざっくばらんに話しかけるようにしています。

面接会場の前を通った副社長から、『おまえの面接、合コンみたいやんけ』と笑われたこともありますね（笑）。

でも、そういう空気をつくらないと、人間の本質は出てこないと思います。最初の1～2時間は、完全に『ネタ振り』です（笑）。

そして、就活生の集中力が途切れてきてからが勝負。なぜなら、その人の本性や本質は、**緊張や集中が途切れたときにあらわれる**からです。できるだけ気を緩めさせるのが私の作戦ですね。

また、私は『無気力、無関心』な人材は、ヒルトップに向いていないと考えています。たとえば、『こちらの雑談に乗ってこない学生』や『話を聞くだけで、自分からは話しかけてこない学生』などです。

当社が求めているのは、『**他人にも興味を持てる人材**』です。『自分だけがよければいい』とか『自分とは関係ない』と線引きする人は、必要ありません。なぜなら、『会社の社風』は、みんなでつくるものだからです」（静本）

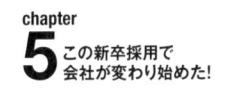

epilogue

この世にないものを生み出したい

小学6年生の頃の夢

京都の伏見に「伏見工芸」という小さな染色工場がありました。山本精工がそうだったように、創業当初はとても小さな町工場で、社長はいつも、油にまみれながら働いていました。

私が久しぶりに「伏見工芸」を訪れたときのことです。

驚いたことに、小さな工場は、4階建の立派な本社ビルに建て替わっていました。

最上階にある社長室には、上質な服を着て、身なりの整った社長がいらっしゃいました。

私が一番驚いたのは、その社長が、社員から「先生」と呼ばれていたことです。

社長は、自分のスキルを高めるために、愚直に、誠実に、熱心に勉強を続け、その結果、

「先生」と呼ばれるほどの知見と、実績と、尊敬を手にしていたのです。

大学教員が「先生」と呼ばれるのも、論文や研究といった「知的労働」に携わっているからです。仮に社長が、「お金儲け」を優先し、単純作業やルーティン作業に時間を割いていたら、「先生」とは呼ばれなかったでしょう。

当時はまだ、山本精工は「自動車部品の下請工場」でした。社長との面会を終えた後、私は燻《くすぶ》り続けました。

「自分も、ああいう生き方がしたい。このままルーティンの仕事だけをしていたら、自分は何も残せずに終わってしまうだろう。シャツからパンツまで油だらけになる仕事は、もうイヤだ」

その後、売上の8割を占めていた自動車部品の下請をやめ、単品生産にシフトした私が目指したのは、**「白衣を着て働く工場」**でした。

油まみれの「職人」が働く工場ではなく、**白衣を着た「先生」**が働く。単純作業ではなく、「知的作業」を楽しめる。そんな工場をつくるのが、私の夢でした。

恥ずかしくて人にはほとんど話していないのですが……、私が小学6年生のとき、学校の先生に、「山本くんは、将来、何になりたい？」と訊かれ、私は、こう答えました。

「科学者になりたい！」

クラスメートからは、「勉強もせえへんのに、無理や」と笑われましたが、少年時代の私は、『鉄腕アトム』に登場するお茶の水博士（ロボット科学者で、アトムの父親的な存在）に憧れていて、

「いずれ、『鉄腕アトム』の世界が現実になるのではないか」

と思っていました。機械の前に張りついていなくても、ボタンを「ポン」と押すだけでものができる。そんな世界です。

私が、少年時代に抱いた、

「お茶の水博士のように、世の中にないものを生み出したい」

という思いは、今も変わりません。

当社は今、ロボット開発に力を入れています。「お茶の水博士になりたい」という少年

時代の夢の延長線上に、私は立っています。

私の頭と、心の中には、自分がお茶の水博士になったイメージがあります。ヒルトップは、私にとって「夢工場」であると同時に、世の中にないものを生み出す「夢の研究所」でもあるのです。

一生分泣いた生涯忘れられない瞬間

2003年の工場火災で、私は瀕死の重傷を負いました。

顔、両手、両足すべてが焼け、包帯で全身を覆われ、ミイラのようでした。

入院後7日ぐらいは元気でしたが、気道熱傷やガス吸引による肺炎・肺水腫から呼吸困難になり、危篤状態に。喉を切り開いて、人口呼吸器を取りつけました。

焼け消えた皮膚は雑菌の温床となり、体中をむしばみました。

自由落下の点滴では体に入らず、1日6リットルの生理食塩水と栄養、抗生物質をポンプ付きの点滴で押し入れていました。

40度の熱が1か月続き、氷漬けになった私は、まさに**死人と同じ**でした。
医師は、**「絶対に助からない」**と思っていたようです。

危篤状態に陥ってからの1か月間、私は意識不明のままでしたが、それでも「3度」、不思議な映像を目にしています。

臨死体験のようなものだったのかもしれません。

1度目と2度目はまったく同じ光景でした。

「真っ暗闇の中を真っ白な道が1本、どこまでも続いている。私はその道をひたすら歩いている。そして、自分の後ろ姿に向かって、私自身が『そのまま行くのは、まずいんやないか』と声をかける」

しかし、3度目は、まったく違いました。

人でも動物でもない影のような物体が私に近づいて、私はとうとうきたかと覚悟しました。

でもそのとき、なぜだかわかりませんが、「3」という数字が頭に浮かびました。
「3か月」では足りない。「30年」では長すぎる。
そう思った私は、その物体に向かって、こう叫んだのです。

「3年、待ってくれ！」

そして私は、奇跡的に、死の淵から生還したのです。
私は特定の宗教に入っているわけでも、信心深いわけでもありませんが、今でも、「生かされた」と思っています。

弟で専務の山本昌治は、「あの火事が、天狗になっていた副社長の鼻をへし折るきっかけになった」と言います。

「副社長には自覚がなかったと思いますが、当時は業績が伸びていましたし、『ヒルトップ・システム』が徐々に注目されていたこともあって、どこかで慢心《まんしん》し、調子に乗っていたところがあったのかもしれません。

あの火災は副社長にとって、仏教でいう『変毒為薬《へんどくいやく》』（毒を仏や本尊の功徳《くどく》により薬にする）だったのだと思います。今、副社長は、工場火災という悲劇から謙虚さを学び、未来に活かそうとしている。あの火事の後、副社長は明らかに変わりました」（山本昌治）

約4か月後、まだ自力では歩けない状態でしたが、退院が決まりました。

そのとき、弟から辛い報告がありました。

私が危篤状態になったその日に、火災に巻き込まれた社員のひとりが亡くなったことを聞かされたのです。

すべてが終わってもかまわない、とさえ思いました。


退院直後、その方のお宅でお線香を上げさせていただいたとき、私は、一生分泣きました。

生涯忘れられない瞬間です。

3か月間のリハビリの間、私は社会復帰の自信もなく、完全に生きる気力を失っていました。

しかし、私が意識を失っている間も、社員たちが「副社長を一所懸命、支えなあかん」と頑張ってくれていたことを知りました。

それを聞いて、あきらめていた自分が恥ずかしくなり、新しいビジョンに向かって進むことができたのです。

専務の言うとおり、火災後、私は改めて人生の目標、意味、価値を深く考え直すようになりました。

この大惨事を境に、
「自分にはあまり時間が残されていない。だから社員が誇れるような何かを残したい」
と強く思うようになったのです。

前述した故・中村元先生は、NHKの『あの人に会いたい』（2006年）の中で、
「人間の体は王様の飾り立てた車のように、やがては朽ちてしまう。けれども、人から人に伝えられる真《まこと》の法《のり》はいつまでも輝く」

とおっしゃっていました。

「私の命は3年しかない。私はやがて朽ち果てる。けれど、私がいなくなっても、『楽しくなければ仕事じゃない。楽しいというのは知的作業のことである』という真理を次代に残していかなければならない」。そうした思いから、「夢工場」をつくりました。夢工場は、私にとっての「真の法（法＝真理、物事の本質）」なのです。

ヒルトップの未来

ヒルトップでは、**国内売上のうち、加工の仕事が約7割**を占めています。

しかし、私たちの目標は、加工業を極めることではありません。

「脱部品加工、脱製造業。そして『**知的サービス業**』**へ転進**すること」です。

ロボット、バイオ（農業）、ＩｏＴデバイス、ＡＧＶ……など、様々な分野で他社と協業しながら**「この世にないもの」「人の役に立つもの」**を生み出せる企業に成長していく。

それが私の見据えるヒルトップの未来です。

最後になりましたが、この会社の創業者である両親、そして私をいつも支えてくれる妻の三枝子、私の兄であり現社長の山本正範、弟であり現専務の山本昌治をはじめ、ヒルトップ社員に感謝しています。

また、初めての書籍制作にあたり、クロロスの藤吉豊さん、ダイヤモンド社の寺田庸二さんにはひとかたならぬお世話になりました。心から感謝します。

書籍出版という身に余る機会をいただけたのは、ひとえに普段からわたくしを支えてくださる皆々様のおかげです。改めて、御礼申し上げます。

[著者プロフィール]

山本昌作（Shosaku Yamamoto）

HILLTOP株式会社代表取締役副社長。

1954年生まれ。立命館大学経営学部卒業後、母に懇願され、全聾の兄（現代表取締役社長）のためにつくった有限会社山本精工に入社。

自動車メーカーの孫請だった油まみれの鉄工所を、「社員が誇りに思えるような〝夢工場〟に」「〝白衣を着て働く工場〟にする」と、多品種単品のアルミ加工メーカーに脱皮させる。鉄工所でありながら、「量産ものはやらない」「ルーティン作業はやらない」「職人はつくらない」という型破りな発想で改革を断行。毎日同じ部品を大量生産していた鉄工所は、今や、宇宙やロボット、医療やバイオの部品まで手がける「24時間無人加工の夢工場」へ変身。

取引先は、2018年度末で世界中に3000社超になる見込。中には、東証一部上場のスーパーゼネコンから、ウォルト・ディズニー・カンパニー、NASA（アメリカ航空宇宙局）まで世界トップ企業も含まれる。鉄工所の平均利益率３～８％を大きく凌ぐ「利益率20％を超えるIT鉄工所」としてテレビなどにも取り上げられ、年間2000人超が本社見学に訪れる。

生産性追求と監視・管理型の指導を徹底排除。人間が本来やるべき知的作業に特化し、機械にできることは機械にやらせる24時間無人加工を実現。「ものづくりの前に人づくり」「利益より人の成長を追いかける」「社員のモチベーションが上がる５％理論」を実践。入社半年の社員でもプログラムが組めるしくみや、新しいこと・面白いことにどんどんチャレンジできる風土で、やる気あふれる社員が続出。人間本来の「合理性」に根ざした経営で、全国から入社希望者が殺到中（中には超一流大学の学生から外国人学生までも）。

鉄工所の火事で１か月間意識を失い、３度の臨死体験をしながらも、2002年度、2006年度「関西IT百撰」最優秀企業。2008年度「京都中小企業優良企業表彰」、2011年度「経営合理化大賞 フジサンケイビジネスアイ賞」、2016年度には日本設備管理学会「ものづくり大賞」など数々の賞を受賞。2017年12月、経済産業省による「地域未来牽引企業」に選定。

経営のかたわら、名古屋工業大学非常勤講師、大阪大学非常勤講師、ダイヤモンド経営塾講師など精力的に活動中。「楽しくなければ仕事じゃない」がモットー。

本書が初の著書。

【HILLTOP株式会社HP】
http://hilltop21.co.jp/

ディズニー、NASAが認めた
遊ぶ鉄工所

2018年7月18日　第1刷発行
2025年4月11日　第8刷発行

著　者――山本昌作
発行所――ダイヤモンド社
〒150-8409　東京都渋谷区神宮前6-12-17
https://www.diamond.co.jp/
電話／03·5778·7233（編集）　03·5778·7240（販売）
装丁――トサカデザイン（戸倉 巌、小酒保子）
本文デザイン・DTP―吉村朋子
編集協力――藤吉 豊（クロロス）
製作進行――ダイヤモンド・グラフィック社
印刷――堀内印刷所（本文）・加藤文明社（カバー）
製本――加藤製本
編集担当――寺田庸二

ISBN 978-4-478-10371-5